国外建筑细部设计与构造丛书

饰面材料

[美] 奥斯卡·R·奥赫达　编
楚先锋　译

中国建筑工业出版社

饰 面 材 料

编辑：奥斯卡 · 列拉 · 奥赫达(OSCAR RIERA OJEDA)
导言及插图说明：马克 · 帕什尼克(MARK PASNIK)
章节标题：詹姆斯 · 麦科恩(JAMES MCCOWN)
摄影：保罗 · 瓦尔霍乌(PAUL WARCHOL)

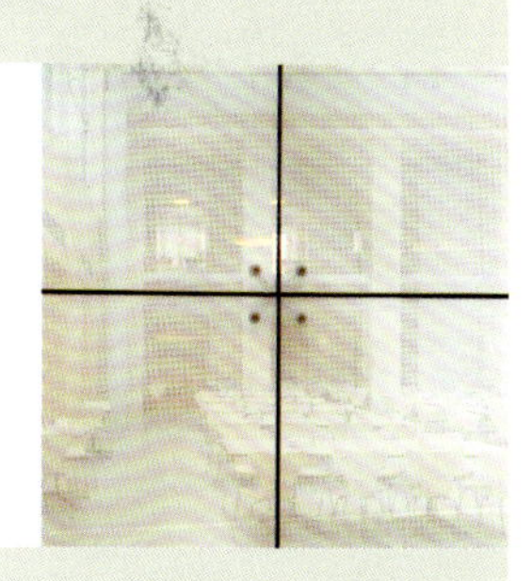

著作权合同登记图字：01-2004-2457号

图书在版编目(CIP)数据

饰面材料/(美)奥赫达编；楚先锋译．—北京：中国建筑工业出版社，2004
(国外建筑细部设计与构造丛书)
ISBN 7-112-07003-1

Ⅰ.饰… Ⅱ.①奥… ②楚… Ⅲ.建筑材料：装饰材料 Ⅳ.TU56

中国版本图书馆CIP数据核字(2004)第117550号

Architecture in Detail Series: Materials edited by Oscar Riera Ojeda

本套图书由美国Rockport出版社授权翻译出版

责任编辑：程素荣
责任设计：郑秋菊
责任校对：王雪竹 赵明霞

国外建筑细部设计与构造丛书

饰 面 材 料

[美] 奥斯卡·R·奥赫达 编
楚先锋 译

*

中国建筑工业出版社出版、发行(北京西郊百万庄)
新 华 书 店 经 销
北京嘉泰利德公司制版
北京顺诚彩色印刷有限公司印刷

*

开本：787×1092毫米 1/16 印张：12 字数：300千字
2005年4月第一版 2005年4月第一次印刷
定价：**98.00**元
ISBN 7-112-07003-1
TU·6240(12957)

本社网址：http://www.china-abp.com.cn
网上书店：http://www.china-building.com.cn

封面：奥尔森·松德贝尔·昆迪希·艾伦建筑师事务所，密西·希尔家族葡萄酒厂，西岸，大不列颠哥伦比亚，加拿大，2001年。

前页：戴维斯·布罗迪·邦德，纽约大学霍尔住宅，纽约大学，纽约，1998年。

本页：史蒂文·霍尔建筑师事务所，圣伊格内修斯教堂，西雅图1997年。

目录页：马娅·林工作室／戴维·霍特森建筑师事务所，上东部住宅，纽约，1999年。(译者注：东部纽约城有上东部和下东部之分。约在曼哈顿岛第57街和第96街之间，称为上东部，这里包括许多时髦商店和住宅区。第14街以南的部分被称为下东部，长期以来是东欧移民者的聚居地)。

后勒口：马克·帕什尼克和奥斯卡·R·奥赫达、利萨(上)和保罗·瓦尔霍乌。

目　录

导　言

马克・帕什尼克

材料自署

精巧的或粗大的、机器的或手工的、丰富的或简陋的、精确的或粗糙的、动态的或静态的、风化的或永恒的——许许多多的当代建筑好像都在强调着一件事情，那就是有很多的建筑师在今天的实践中都会遭遇到某种困扰：一种对细部的关注。但是这种困扰不仅仅是一种狂热，它反映的是细部与工艺和构造之间关系的复杂观点，它和如下对细部的理解是结合在一起的，即细部是作为体现建筑师想法的信息传递载体和建筑师原创根源在材料上的表达形式。

正是根据这种情况，奥斯卡·R·奥赫达(Oscar Riera Ojeda)和我开始创作新的一系列作品，将内容聚焦于细部在塑造和阐释建筑方面所充当的角色上面。通过《国外建筑细部设计与构造丛书》这个渠道，我们计划对许多最有魅力的当代设计师的作品进行调研。每一本书都会有一个主题，以这一本《饰面材料》作为开始，紧接着的有《建筑元素》，还有一些其他的选题也在未来的规划之中。这些主题是非常丰富的，也是一直在改变的，这正是因为建筑在和我们对话时所具有的强大的影响力，而这种影响力取决于它发展过程中的许多因素。

在建筑中，我们提到细部，可能指的是很多种不同的事情。按照字面上的意思，它们可能是建筑物的一个片断，这个片段需要我们去研究、提炼，然后通过建筑师传递给建造者。按照这个最基本的理解，提炼出的细部具有翻译的功能——“那种场合是使设计理念融入形式优美的材料本身，”《实践》(Praxis)的编辑这样说，《实践》本身就是个不断探索，试图完成这项使命的杂志。一个细部横跨很多领域：它是想法，它是图纸，它是建筑产品。

因此，细部也具有某一种个性的感觉。因为它是独特的，因为在它实施的过程中需要有特殊的说明，因为它和通常的做法不同，所以它被提取出来单独考虑。对某些细部来说，细部的特性还暗示着它是不能被重复利用的，但是在我们这个机器复制产品的时代，被提取出来的细部也许会被无休止地复制利用。无论是哪一种情况，细部之所以被抽取出来，正是因为它们和标准的建造技术是不同的。它们是创新点，是作者的特殊的声音表达。因此，细部常常是建筑师和建筑物之间最紧密的联系纽带——也是建筑师原创作品中最鲜明的特征。用卡洛·斯卡尔帕(Carlo Scarpa)的话来说，它们是建筑师的“亲笔签名”(autographing)。出现在这本书里面的作品都是每一位设计师的小尺寸“签名”，正如我们将看到一个真正的签名，主要依靠材料的表现力来得到强烈的建筑感染力。

在过去的十年里，曾经有一些著作对细部的现代历史进行过详细的研究，诸如肯尼思·弗兰姆普敦(Kenneth Frampton)的《构造文化研究》(*Studies in Tectonic Culture*)或者爱德华·福特(Edward Ford)的《现代建筑的细部》(*The Details of Modern Architecture*)。对于当代建筑上的前卫派状况的不满意，也许正是这种对现代细部的钟爱再度觉醒的部分原因。在面临全球化建筑和数字化建筑的时代，许多建筑师和评论家将细部归结为一种现象学的观点，这种反产品以及向着更加人性化建筑尺度回归的符号和由今天的计算机制造出来的纺锤状、水滴状的建筑形式形成了鲜明的对比。细部常常被用诗一般的语言描述为木构技术和结构的构造表现，或者被描述为建筑与手工艺品感觉相联系的根据。这样的布置使人产生对手工作品真实感的怀旧，在建筑意识形态或者是建筑上的特殊的胜过一般的，自然的胜过机械的。然而事实上，手工艺品的真实性在很早以前就向竞争中的经济、建造上的限制妥协了。

其中一个明显的实例，是19世纪对工业革命发展潮流所产生的影响的一个回应。在19世纪中叶，诸如约翰·拉斯金(John Ruskin)和威廉·莫里斯(William Morris)之类的评论家发起了一场道德观念方面的批评，反对机械化给产品和建筑质量所带来的负面影响。历史学家尼古拉斯·佩夫斯纳(Nikolaus Pevsner)将莫里斯值得的蔑视观点叙述为“实际上所有的工业艺术品全是粗糙的”(practically all industrial art was crude)[3]。这种对机器工业产品的蔑视最终导致了19世纪末期发生在英国和美国的工艺美术运动，他们提议通过手工艺向以前的美学道德观回归，从而复兴我们的艺术和生活。这完全是“一次艺术性技术的复兴”(a revival of artistic craftsmanship)[4]，从而导致在20世纪早期出现了一些以精致的手工制作为表现的作品，就像查尔斯(Charles)和亨利·格林(Henry Greene)设计的位于加利福尼亚州帕萨迪纳(Pasadena)的甘布尔住宅(Gamble House)[图1—2]。在这里，钢带或者木钉和木楔使人们能够看到它手工装配的过程。然而，这个实例有些名不副实，在这个能够看到的装配系统常常是由现代的连接物件组成的安装体系。

然而，也许是为了回避纯粹的工艺美术运动思想，格林和格林的作品将表现主义的思想引入到了工艺的词汇里面。工艺可以被表现出来，而不仅仅是被论证出来[5]。其结果是，饰面的真实性成为一个讨论的问题。

与莫里斯的蔑视形成鲜明对比的是，现代主义运动完全信奉机械主义，但是在这样做的同时他们也信奉工艺。例如，德意志制造联盟(Deutscher Werkbund)通过对大生产技术的控制追求质量(Qualit t)，而不是通过精细的手工制作技术来追求质量。换言之，通过对机器的利用，细部的制作不再需要匠人到现场作为手工艺制作的丰富资源。尽管早期的现代主义强调细部在品质表现方面的重要性，但是在20世纪中期，现代主义者的价值取向非常明显地向更加纯粹的功能主义者转变了。细部再次变得没有生命力了，变得垂死了，变成了僵硬的功能性的了。到了1950年代，有两位重要的人物——卡洛·斯卡尔帕(Carlo Scarpa)和路易斯·康(Louis Kahn)——加快了建筑“向工艺、建造方法和作为最终创造性行为的现场创作”(to the idea of craft, construction method, and on-site invention as the ultimate creative acts)回归的速度[6]。

尤其是斯卡尔帕的作品关注细部，他将细部作为建筑师和工匠之间进行交流的渠道。他的设计过程是基于他对大量制造者的利用开始的。因此工艺贯穿在

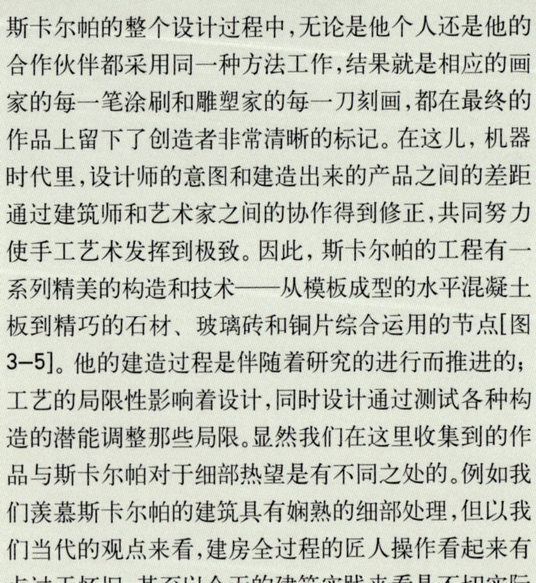

斯卡尔帕的整个设计过程中，无论是他个人还是他的合作伙伴都采用同一种方法工作，结果就是相应的画家的每一笔涂刷和雕塑家的每一刀刻画，都在最终的作品上留下了创造者非常清晰的标记。在这儿，机器时代里，设计师的意图和建造出来的产品之间的差距通过建筑师和艺术家之间的协作得到修正，共同努力使手工艺术发挥到极致。因此，斯卡尔帕的工程有一系列精美的构造和技术——从模板成型的水平混凝土板到精巧的石材、玻璃砖和铜片综合运用的节点[图3–5]。他的建造过程是伴随着研究的进行而推进的；工艺的局限性影响着设计，同时设计通过测试各种构造的潜能调整那些局限。显然我们在这里收集到的作品与斯卡尔帕对于细部热望是有不同之处的。例如我们羡慕斯卡尔帕的建筑具有娴熟的细部处理，但以我们当代的观点来看，建房全过程的匠人操作看起来有点过于怀旧，甚至以今天的建筑实践来看是不切实际的。主持建筑师和主持匠人之间形成艺术的联合的假想似乎正在形成，在这个行业里设计师和制造商以及贸易销售人员必须共同来建造一栋大楼[7]。然而本书中收集的一系列作品，并不是在惋惜失去的工艺的协作，也不是要退回到已经没有生命力的机器时代，更不是丧失细部的虚拟建筑的世界。相反地，面对大规模生产和消费文化，它适当改变，足以满足材料的表现。从某种程度上讲，在这些作品中，材料已经成为工艺的代言人，成为创造建筑的表达的代言人——这种表达是蕴藏在触感里面的人文关怀以及蕴藏在产品中的现代感。

这并不是说在本书中出现的细部是不好的，在事实上，没有哪一个能够超越实际完成的东西。它们的触感完全代替了手工艺术品的手工制作出来的丰富性。因此，这些项目中的许多项目都对现代性进行了重新改造，包括初期现代主义的“精确”和类似“手工制造”的精神。同时，通过不断发展的、令人着迷的、丰富多彩的建造方法，将材料的活跃本性融入于时代的“严肃”之中。

在这些细部中，每一个都坚持着自身的品质。我们可以看到有些建筑师们坚持如实表现材料，就像路易斯·康做的那样，按照材料“想”(wants)成为什么来做建筑。另外一些人则选择了相反的方法，他们尝试着其他途径超越材料的限制，或者如何将它们用于他们不熟悉的环境里面。一些设计师关注材料之间的相互关系，以及材料相搭配而形成某种效果的能力。另外一些人则优雅地使用未经加工的或者粗糙的材料。某些试验采用非常规的建造程序，以新的方式使用材料，而其他则是使用传统上与建筑不相关的材料。

这一系列的材料技术丰富了我们对每一栋建筑的体验。比如，在这些作品中有各种各样的图案模式。位于纽约的建筑研究办公室的SoHo工作室(SoHo Loft，见第74–75页)使用的是预订的深蓝色带有脉纹的巴伊亚(Bahia)花岗石板，这些石板表面的图案具有强烈的视觉效果，工作室内其他部分的设计都以它为中心而展开。将这个与史蒂文·霍尔(Steven Holl)的匡溪科学研究院(Cranbrook Institute of Science，见第188–189页)对比，光线穿过匡溪科学研究院的杂色的玻璃，投射出棱镜色彩并且折射到其余都是抹灰的表面上。后者潜心于在外观上呈现出透明材料的图案，而前者则将我们的视线深深地吸引到固体的图案里面。

在阿罗（ARO）的科罗拉多住宅（Colorado House）中，反复使用的科尔坦（cor-ten）钢板（一种低合金耐大气腐蚀高强度钢板）形成了一组有平行组织纹理的墙体（见第82–83页）；当金属表面转入住宅室内的时候，它们与表面光滑的抹灰墙面以及抛光的混凝土墙面之间形成互补平衡的关系。史蒂文·霍尔的萨尔佛蒂斯特罗特办公室（Sarphatistraat Offices，见第86–87页）则是以重复的连续的穿孔金属板为基本样式，用穿孔铜板为表皮来覆盖的。这层表皮在它的内层和外层之间提供了一个透光的筛状空间。这样的细部既能充分表现出材料的性能，又能充分表现出它构造成型的机械加工过程。

每一种材料都有一系列不同的用法，有些是常见的，而另外一些则是意想不到的。彼得·马里诺（Peter Marino）设计的位于日本大阪的夏奈尔商店（Chanel Store）是一栋由低含铁量的、透明的、带有白色陶瓷夹层的玻璃幕墙构成，且有酸蚀镜面玻璃板作为补充材料的建筑（见第182–183页）。在白天来看，这栋建筑是一个白色的立方体，而在夜间，发光二极管发出的背投光使它的立面因为有戏剧性的效果而变得生动起来。与之相似的乳白色和背景光玻璃却在MSM建筑师事务所设计的位于纽约的USM家具展览室，见第174–177页）的楼梯中起着不同的作用。楼梯的结构支撑被隐藏在四层半英寸厚、低含铁量的带有半透明的塑料夹层的玻璃后面。它的踏步和钢化玻璃的侧墙

5　6

分开4英寸，这样一来，楼梯看起来好像是自由飘浮的、水晶般的状态。这儿没有明显的手工痕迹，也没有对材料连接方式的真实性的刻意追求，楼梯的美来自细部的处理，这些细部激发了其他的想像。

为一个方案增加丰富性的通常策略，是材料的并置（juxtaposition）处理。史蒂文·霍尔设计的位于美国得克萨斯州达拉斯的斯特雷托住宅（Stretto House，Dallas）将压铸玻璃的柔软的流动性和连续砌筑的坚硬混凝土块进行强烈对比（见第52–53页）。赫尔芬德建筑事务所（Helfand Architecture）为位于纽约的杜布勒克利克（Double Click）的办公室所做的设计则注重廉价的工业材料的相互影响，这些工业材料包括由角铝框架支撑的波形塑料墙板（见第156–157页）。桌子和细木家具是由带有深色木纹的帕拉列姆（Parallam）木材制成的，这是一种典型的用于结构用途的产品。无论是在史蒂文·霍尔的设计项目中还是在赫尔方的设计项目中，对比的丰富性不仅表现在材料本身固有性能的不同，还包括构造技术的对比。一方面，普通大规模生产的块材构成的是独特的、压铸的玻璃形象；另一方面，由木质纤维胶粘层压而成的板材则和统一处理的塑料形成对比。

也许比对比更惹人注意的是材料的绝对均质感。克雷格·巴萨姆（Craig Bassam）设计的位于柏林的巴利商店（Bally Store，见第30–33页）使用的是标准的瑞士地板产品，这种具有精细纹理的欧洲橡木铺满了它的许多墙面、地板和楼梯表面。只能说，这种效果的“复杂性”依赖于它严格的一致性，在这里材料是被细木工匠精心铺贴而成的。由于材料要精确的符合商店的三维空间形状。因此面与面之间的接缝被清楚地勾勒出来。同样的，在雷姆·库哈斯（Rem Koolhaas）设计的位于纽约SoHo的普拉达商店（Prada Store，见第158–159页）的木材表面的变化从地板到楼梯，到夸张的座位，再到正弦波形的斜坡面，细部材料的连续性将各种各样的环境都覆盖在独特的木材之下。

然而，当代建筑的细部具有这种开放的、广泛的自由度，这一点也不奇怪。毕竟，许多20世纪的建筑特征主要是依靠材料细部的力量来充分地形成建筑语汇。就像我们已经看到的那样，通过材料和时间，斯卡尔帕在连接点的细部里面将历史和现在融合在一起，这种细部通过设计将这些人工制品统一起来。他使用的材料与材料之间相互产生影响，同时这些材料也对

7　8

我们产生影响。在最低的程度上，路易斯·康的“纪念碑主义”（monumentalism）在他产生这种理念之前就已经存在了。康使用的那种华贵的混凝土、石灰石和木材意味着它们对长期气候影响的承受，以及对照射在它们表面的自然光线的吸收（图6–8）。弗兰克·劳埃德·赖特的自然材料通过设计连接方式体现出细部用在外部和内部空间之间，重申着他的有机主义的原则和他试图消解自然和建筑边界的努力。为了表现他的结构理念，路德维希·密斯·凡·德·罗在他作品的正立面上设计了精美的柱形细部；他们的材料都是机械制造的，但是有优美雅致的、鲜明的铜和铬表面，和目前的机器美学大不一样（见图9～11）。这些现代伟人中的每一位成员都使用并依赖材料去支撑自己哲学方法。

当代的一些建筑细部表明对于以上那些可能性有了进一步的扩展，它将材料的生命力注入建筑的细部，而且它们的可接受性甚至还会更大。关于手工艺

品的浪漫观念也许要在一定程度上被我们今天的世界所抛弃，但是它的影响、它的特点以及它的情感仍然能够在材料的类似的生命力方面看得到。这种情况使我们想起了意大利现代主义建筑师路易吉·莫雷蒂(Luigi Moretti)写的一段话。他写道，艺术最重要的影响力是“凝炼现实”(condensing reality)的品质。艺术是“一种表述”(a representation)，它“必须释放出远远高于现实生活的能量密度”(must release a density of energy very superior to real life)[8]。莫雷蒂以石头模型外形来解释这种密度的概念。以他的观点来看，这些元素比他们的材料品质表现出来的内容要多；它们是一栋建筑力量的符号，这种力量存在于墙面和顶棚之间。在后面所展示的细部中间，材料讲求实际的真实性是通过一种类似于这种艺术密度的特性得到补充的。物理特征仅仅是效果的一半。在它们的探索中、设计或吸收的模式中，或丰富或简朴或伪装中，使这些细部成为更重要的角色。这些项目充分利用它们的材料性能进行转换，通过光来进行塑造，进而影响我们的感觉。因此，这些作品产生了超材料的表现力——这就是建筑师的“签名”。勒·柯布西耶在他的著述里面援引这种“附加的存在”(added presence)时说：“一个人用石头、木头、水泥，并将它们依次放入住宅或宫殿里面，那是建造。这需要的是技能。但是，突然你触动了我的心灵，你使我的感觉很好，我很愉快，我就会说：它很漂亮。这是建筑，这是艺术。”[9]

10

(One uses stone, wood, cement, and turns them into houses or palaces; that's construction. It calls for skill. But suddenly you touch my heart; you make me feel good. I am happy. I say: it's beautiful. This is architecture. It is art.)

但是，也许材料艺术的思想和19世纪向工艺回归的主张一样是过于罗曼蒂克了。建筑师彼得·朱姆索尔(Peter Zumthor)促使我们从一种可选择的视点观察美的事物。他在描述他设计的位于西班牙布雷根茨(Bregenz)的“艺术建筑”(Kunsthaus)时写道：“那栋建筑完全是我们看到的、触摸到的那样，完全是我们脚下感觉到的那样：一个浇筑的混凝土、石砌的躯体”[10]。这些细部能够这样被定义、一种材料能够这样来表现它自己的生存状态吗？它们能够从“它们完全就是什么”里面得到部分力量吗？它们一定是主要作为我们的眼睛、我们的双手、我们的双脚的受体——而不能是重点关注的材料本质呢？

注释：

1. Ashley Schafer and Amanda Reeser, “Defining Detail,” Praxis, issue 1(2000), 4.
2. Nicholas Olsberg, “Introduction,” Carlo Scarpa Architect: Intervening with History(New York: The Monacelli Press, 1992), 13.
3. Nikolaus Pevsner, Pioneers of Modern Design(New York: Penguin Books, 1978), 20.
4. ibid, 25.
5. Edward R. Ford, The Details of Modern Architecture (Cambridge, MA: MIT Press, 1994), 143–151.
6. George Ranalli, “History, Craft, Invention,” Carlo Scarpa Architect: Intervening with History(New York: The Monacelli Press, 1992), 40.
7. Peggy Deamer, “Detail: The Subject of the Object,” Praxis, issue 1(2000), 108–115.
8. Luigi Moretti, “The Values of Profiles,”Oppositions, vol. 4(October, 1974), 116.
9. Le Corbusier, Towards a New Architecture(New York: Dover Publications, 1986), 153.
10. Peter Zumthor, Kunsthaus Bregenz(Ostfildern, Germany: Hatje Cantz, 1999), 13.

图片说明：

图1–2：查尔斯和亨利·格林，甘布尔住宅，帕萨迪纳，加利福尼亚州，1908年；图片提供：道格·多尔扎尔。

图3–5：卡洛·斯卡尔帕，布里翁家族墓地，圣地维托德–阿尔蒂沃利，意大利，1978年；图片提供：道格·多尔扎尔。

图6–8：路易斯·康，金贝尔艺术博物馆，沃思堡，得克萨斯州，1972年；索尔克生物研究所，拉霍亚，加利福尼亚州，1965年；图片提供：道格·多尔扎尔。

图9–11：路德维希·密斯·凡·德·罗，西格拉姆大厦，纽约，1958年；图片提供：保罗·瓦尔霍乌。

木 材

"根据人类有过的经历在所有的材料中，木材是与人类关系最密切的一种材料。" 弗兰克·劳埃德·赖特如是说。 ■ "人们喜欢与它打交道，喜欢手触摸着它的感觉，从触摸它到看到它都能引起感情的共鸣。" ■ 最初现代主义者蔑视它的存在，认为它和他们的机器美学不能融合，木材的应用逐渐成了20世纪设计师的保留技能。 ■ 无论什么时候木材都能够柔化钢和玻璃的硬边线。 ■ 在木材的多重纹理中，我们能够看到对人类自身新陈代谢的启示，在它们变化无穷的纹理中，我们看到了大自然自身的艺术性。

前页：克雷格·科尼克，建筑学研究生学者站，帕森斯设计学院，纽约，1995 年。

本页：布里安·希利建筑师事务所(和迈克尔·赖安)，海滨住宅，拉夫莱迪斯，新泽西州，1997 年。

水平的木板条可以为包裹在玻璃盒子里面的主要起居空间遮挡早晨的太阳。

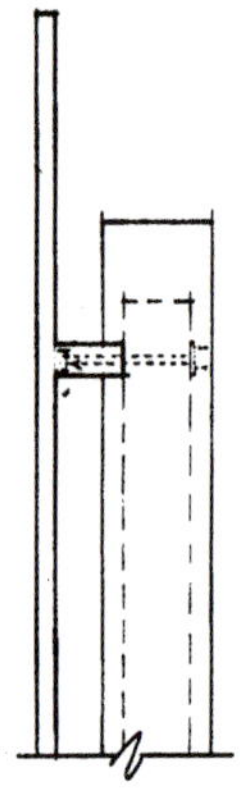

5/A6 剖面图：装饰屏板

SCALE : 1 1/2"=1'-0"

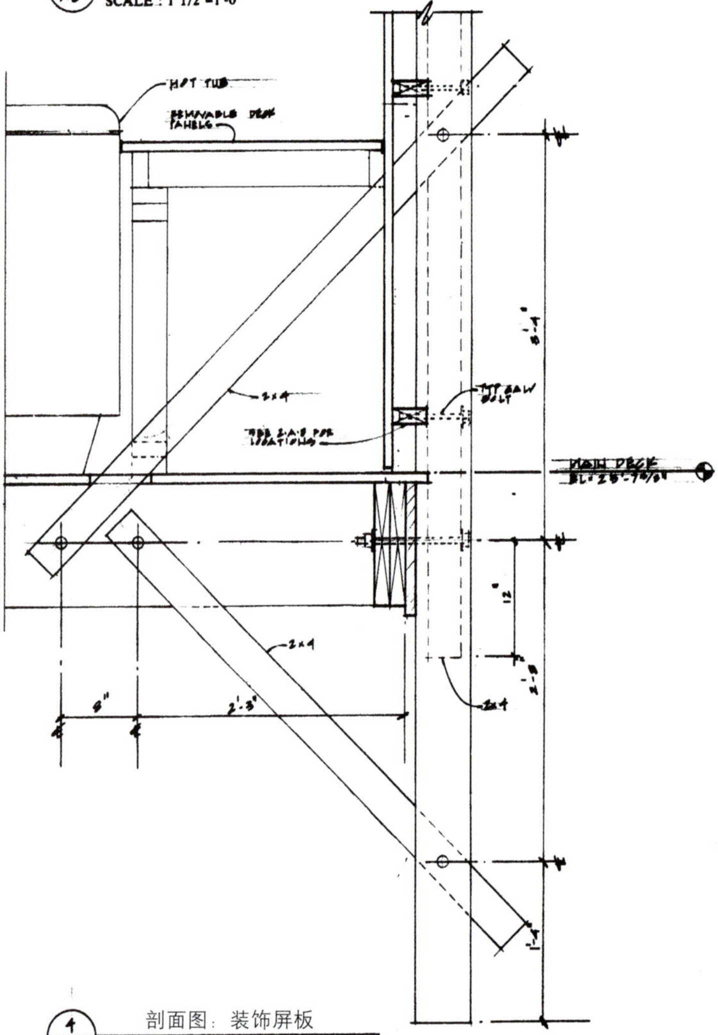

4/A6 剖面图：装饰屏板

SCALE : 1 1/2"=1'-0"

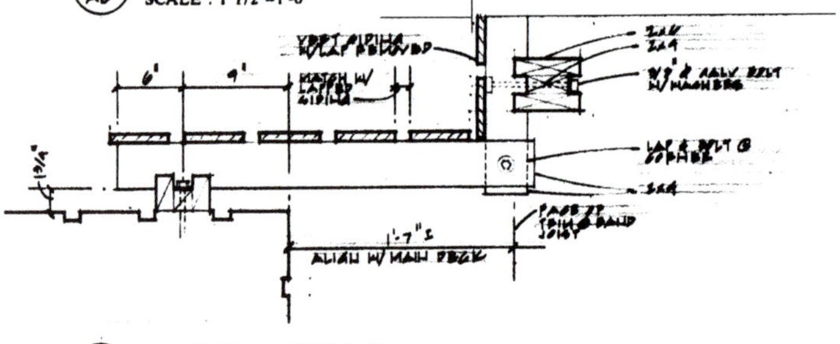

3/A6 平面图：装饰屏板

SCALE : 1 1/2"=1'-0"

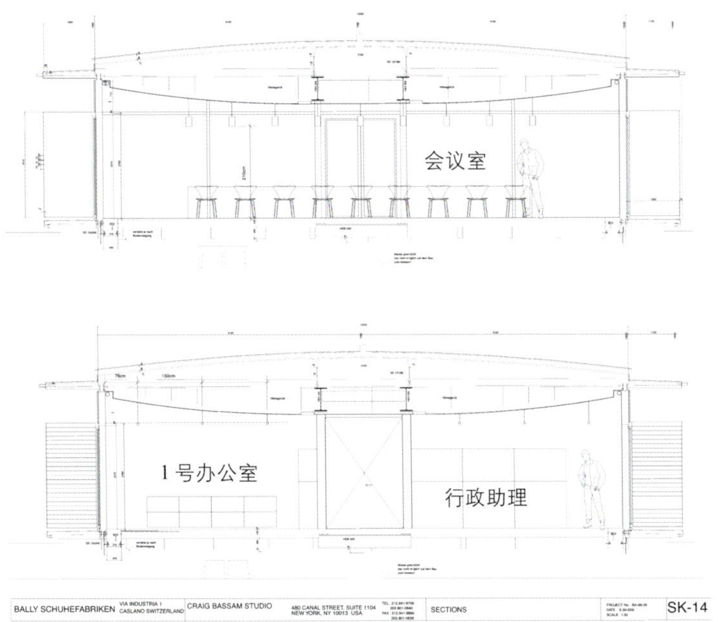

克雷格·巴萨姆工作室，巴利卡斯拉诺总部，卡斯拉诺，瑞士，2000年。

在原有的混凝土厂房的屋顶上面加上了一间阁楼式的办公室和一间展览室，并使用实橡木板将它那些采用标准模数建造的平台、墙体、栏板和横梁都包裹得严严实实。

纳德·德黑兰尼和克里斯滕·詹纳塔西奥以及希瑟·沃尔斯，非物质的/超物质的：薄木片，哈佛大学设计研究生院，剑桥，马萨诸塞州，2001年。

设计源于服装设计，这种装置将萨佩莱红木薄木片形成的飞镖状的空间体量与平坦的平面结合在一起，穿越在悬挂的顶棚，弓形的桁架和柱子之间。(译者注：萨佩莱红木是一种产于尼日利亚南部海港城市萨佩莱的红木，是属于桃花心木属的美洲热带常绿树木，其坚硬、红棕色木材极有价值，常用于做家具)

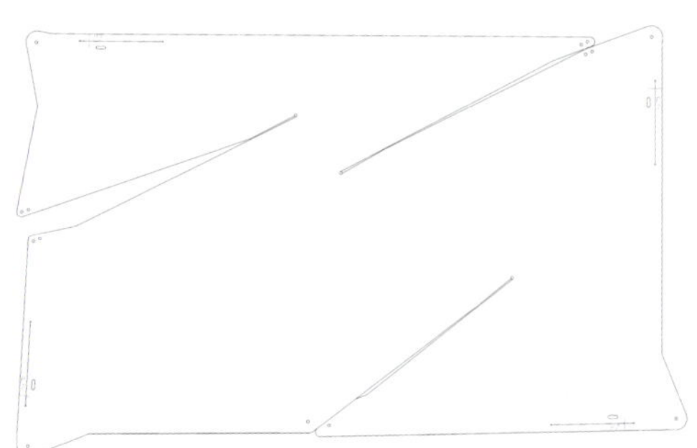

PULL

史蒂文·霍尔建筑师事务所，匡溪科学研究院，布卢姆菲尔德·希尔斯，密歇根州，1999年。

大厅的材料包括穿孔胶合木板、质地粗糙的混凝土墙面以及喷漆的金属扶手和门把手。

下页：史蒂文·霍尔建筑师事务所，圣伊格内修斯礼拜堂，西雅图，1997年。

礼拜堂的阿拉斯加黄桧木门是手工雕刻而成的，青铜铸成的把手成为亮点。

（译者注：黄桧是雪松科植物，它们那耐久的、带香味的木材——尤指红雪松的木材——常用于制作箱子）

格卢克曼·马伊内建筑师事务所，卡特尤恩阿德利精品店，纽约，1999年。

新镀锡顶棚的质感弥补了抽象空间的纯洁性。展示出来的表面由夹板建造而成，表面涂了黑色，并采用聚氨酯进行密封。

加贝里尼联合建筑师事务所，罗森布拉特珠宝陈列和工作室，汉堡，德国，1998年。

在这个蜿蜒曲折的楼梯中，美国胡桃木踏步和踢步看起来好像是嵌入了石膏粉刷面的墙壁中一样。

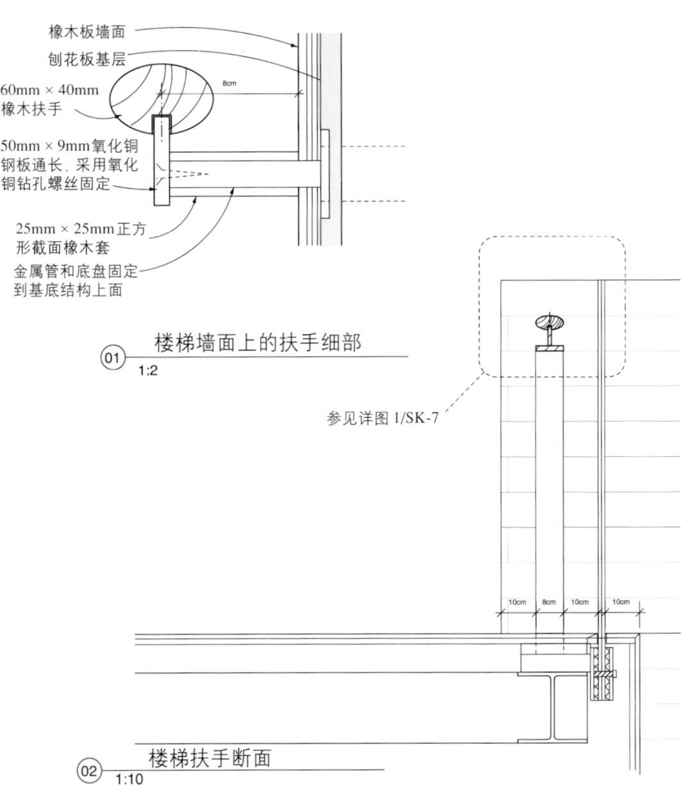

克雷格·巴萨姆工作室，巴利商店，柏林，德国，2001 年。

这家商店被标准的欧洲橡木地板完全包裹了起来，木板长 125cm，宽 10cm，是由细木工匠按照精细的图案铺设而成。

克雷格·巴萨姆工作室，巴利商店，柏林，德国，2001年。这种没有做饰面层的木板被涂了一层清漆，以使它的纹理更加明显并增加它的香味。

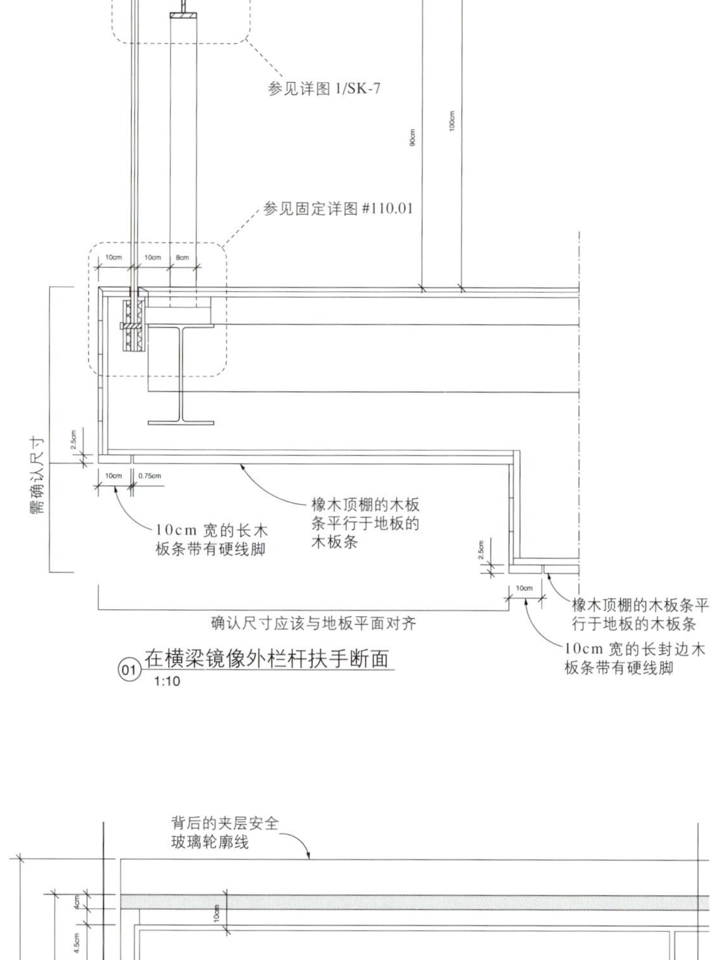

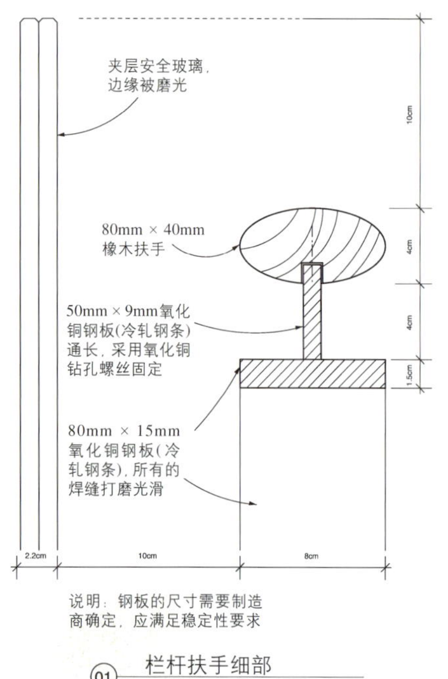

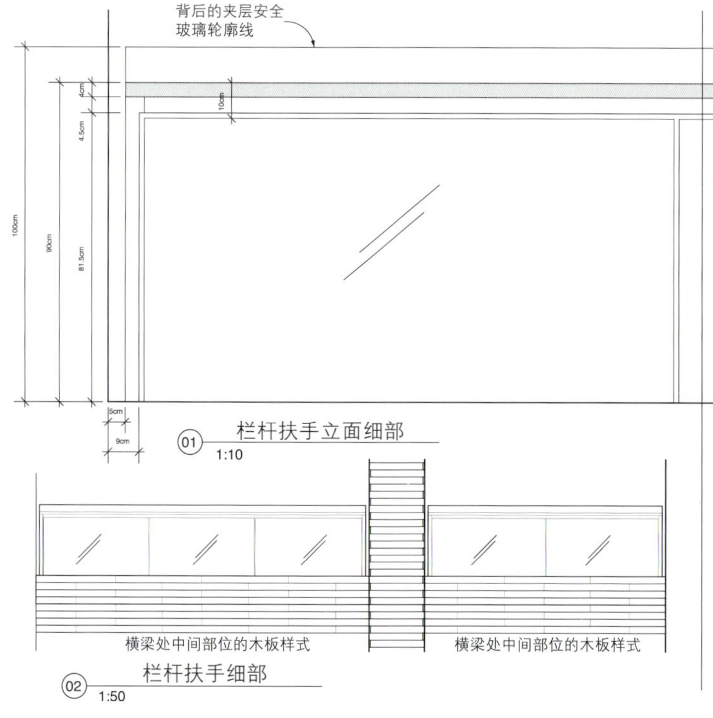

埃里克·J·科布建筑师事务所，布鲁克纳住宅，维德贝岛，华盛顿州，1999。

住宅围绕两面模板成型的垂直混凝土墙体周围进行组织，混凝土墙体和光滑的、垂直纹理的冷杉木形成的水平的整齐的洞口形成了强烈对比。

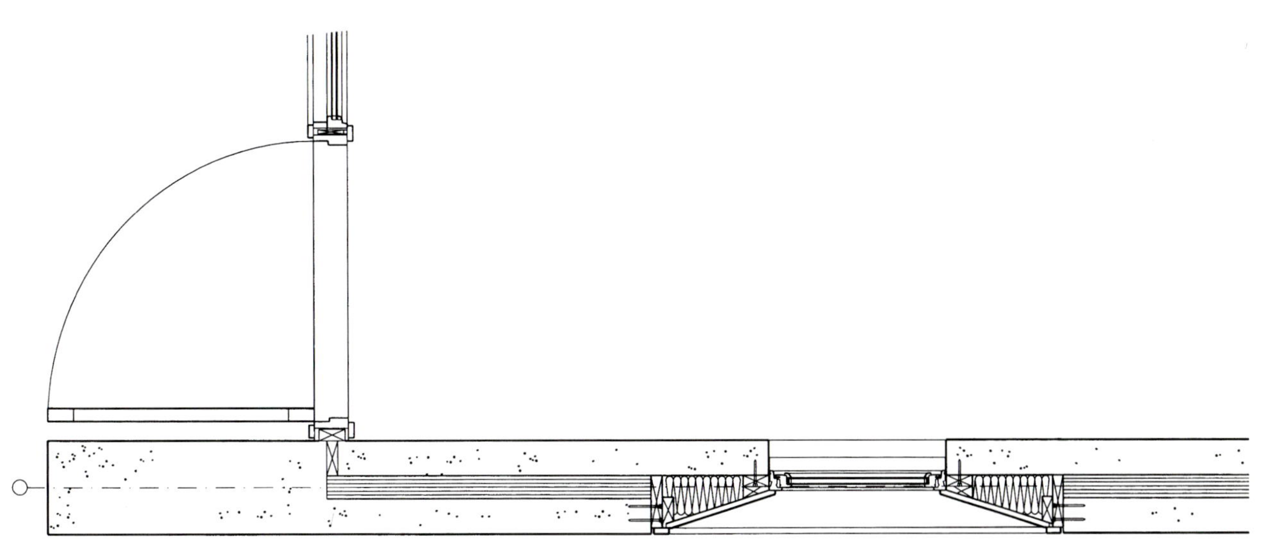

混凝土墙体的平面细部

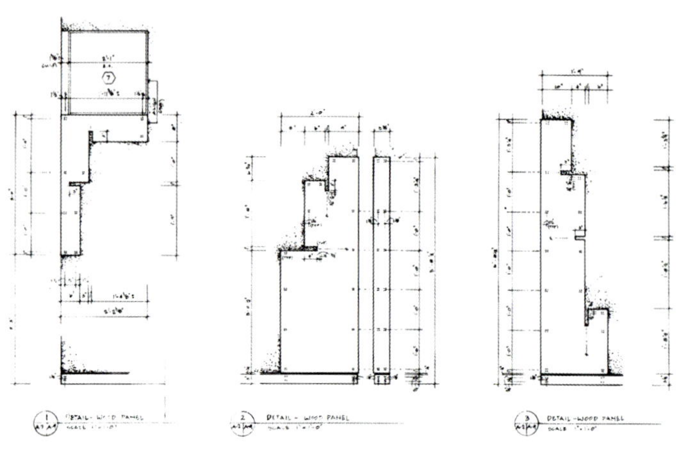

乔治·拉纳利建筑师事务所，K–Loft，纽约，1995年。在这个巨大的阁楼空间内，按照一定的的原则进行规划的元素是由抹灰、半透明的玻璃和转角部位的桦木胶合板夹板面层组成的，这些夹板被切割成各种不规则的形状，用螺丝钉将它们固定形成一定的图案。

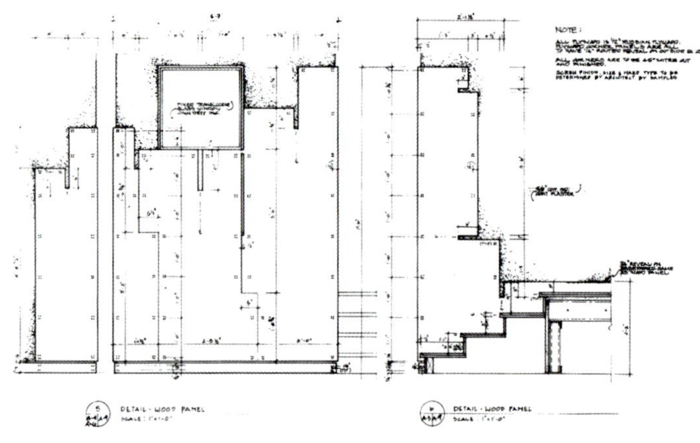

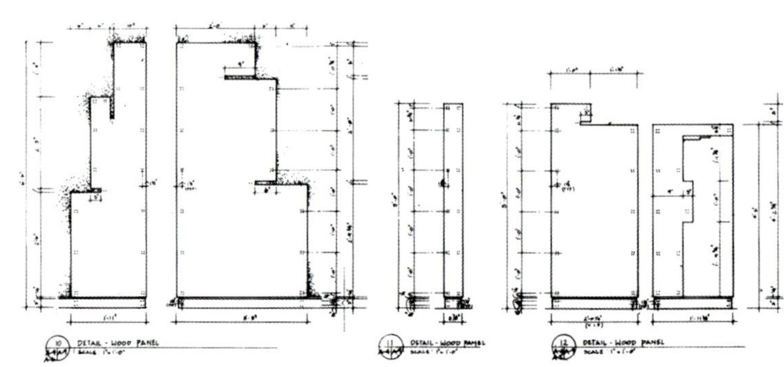

方案4建筑工作室，穆迪住宅，纽约，1998年。枫木制品包裹着厨房中间内核，并且通过嵌入式的细木家具和定制的元素诸如椅子和餐桌使它周围的空间统一为一个整体。

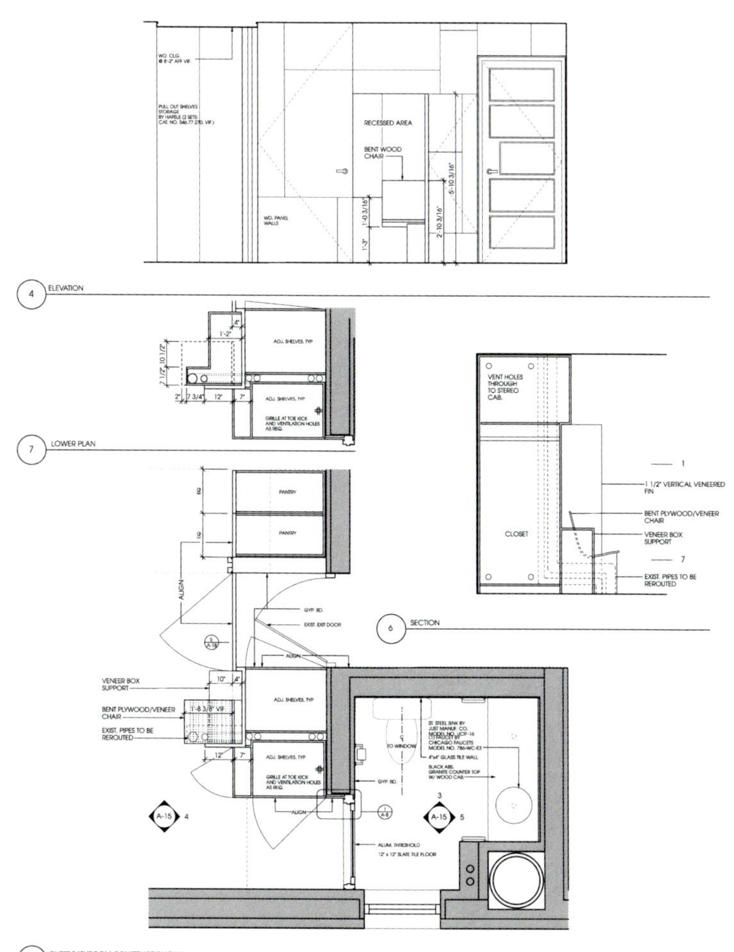

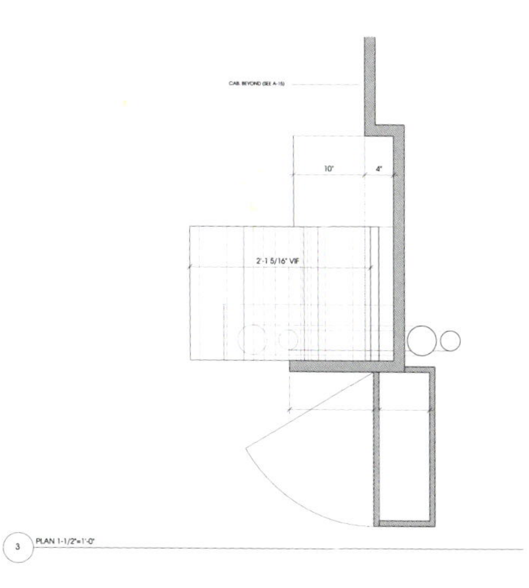

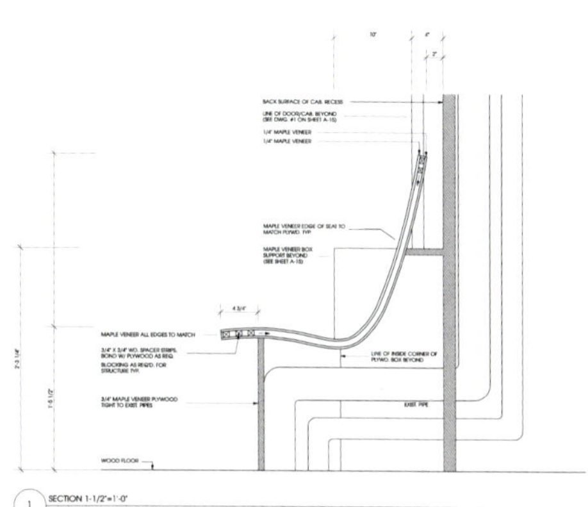

马查多和西尔韦蒂联合建筑师事务所，巴克湾住宅，波士顿，1992 年。这套公寓的壁炉是由缎木板做成的，它们以一定的角度和细部组合起来，揭示出它们的每一个部分都是一块单板而不是实心的木材。

（译者注：缎木是一种生长于印度和斯里兰卡的落叶树木，有坚硬的、黄褐色的密纹木质，表面具有缎子般的光泽，可用其制作家具）

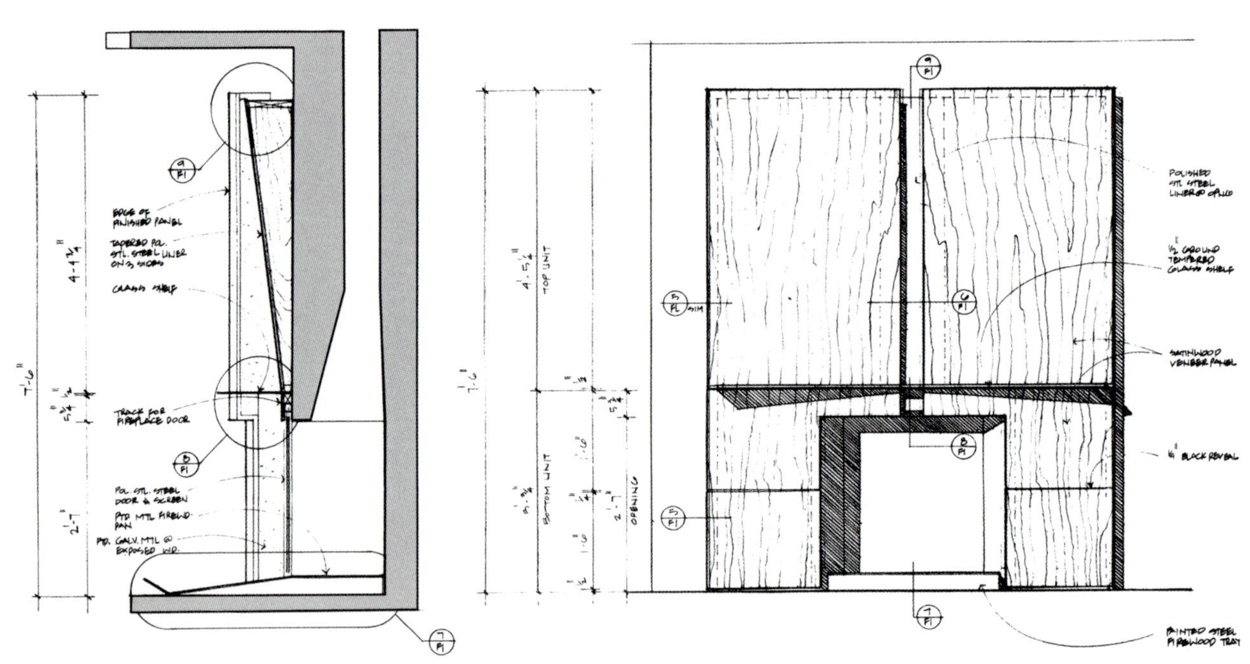

混凝土

“你可以和混凝土进行对话……如果你尊敬材料是由于它本身就是这种材料，那么你创造出来的美也就随之产生了，”路易斯·康如是说。 ■ 从法语称之为“beton brut”可以看出，混凝土具有一种原始的自然的真实性。(译者注：beton的法语意思为混凝土，brut在法语里面指的是未加糖和香料的、苦涩的香槟酒) ■ 罗马万神庙之所以成为古代奇迹也是因为采用混凝土，这种材料在20世纪初最受先锋派建筑师的青睐，这主要是因为它是工业建筑的主要材料来源。 ■ 当一些建筑大师像沙里宁(Saarinen)、奈尔维(Nervi)和坎德拉(Candela)将它们运用到结构的极限，并使它们表现出崇高的和纪念性的形式的时候，它们就开始盛行起来。 ■ 混凝土既粗野又美丽。

前页：奥尔森·松德贝尔·昆迪希·艾伦建筑师事务所，密西·希尔家族葡萄酒厂，西岸，大不列颠哥伦比亚省，加拿大，2001 年。

本页：帕特考(Patkau)建筑师事务所，温哥华住宅，温哥华，加拿大，2000 年。为了提高它抵抗地震的能力，这栋住宅几乎完全是用现浇钢筋混凝土造成的，包括空中泳池和它的露台。它的外表面是暴露的、模板成型的混凝土，它的纹理是粗锯锯成的铁杉木模板表面形成的。上部覆盖有水平的木质百叶窗，当阳光进入位于主要起居空间上面的一系列天窗的时候，百叶窗会使阳光发生偏斜。

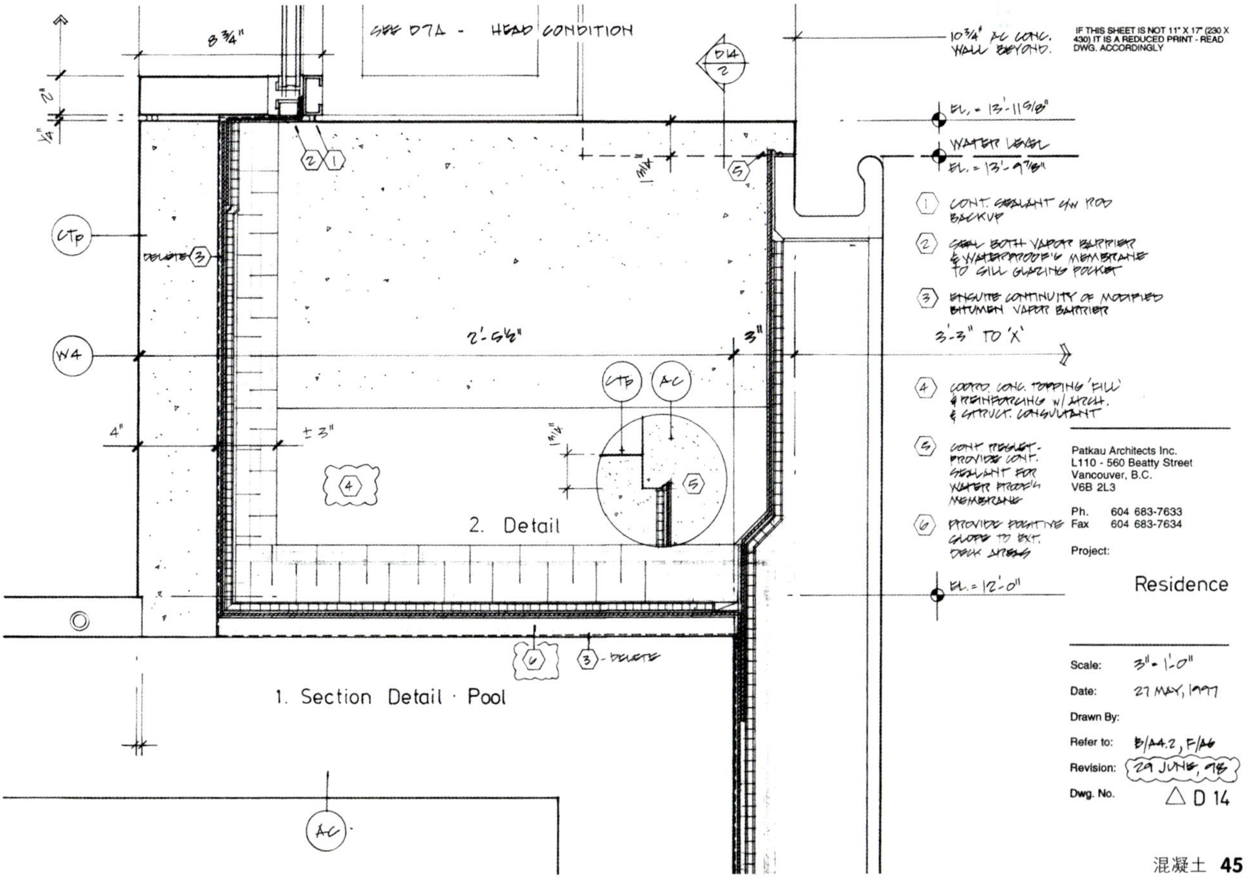

SEE D7A - HEAD CONDITION

10 3/4" AC CONC. WALL BEYOND.

IF THIS SHEET IS NOT 11" X 17" (230 X 430) IT IS A REDUCED PRINT - READ DWG. ACCORDINGLY

EL. = 13'-11 5/8"

WATER LEVEL EL. = 13'-9 7/8"

1 CONT. SEALANT C/W ROD BACKUP

2 SEAL BOTH VAPOR BARRIER & WATERPROOF'G MEMBRANE TO SILL GLAZING POCKET

3 ENSURE CONTINUITY OF MODIFIED BITUMEN VAPOR BARRIER

3'-3" TO 'X'

4 COORD. CONC. TOPPING 'FILL' & REINFORCING W/ ARCH. & STRUCT. CONSULTANT

5 CONT. REGLET - PROVIDE CONT. SEALANT FOR WATER PROOF'G MEMBRANE

6 PROVIDE POSITIVE SLOPE TO EXT. DECK AREAS

EL. = 12'-0"

2. Detail

1. Section Detail · Pool

Patkau Architects Inc.
L110 - 560 Beatty Street
Vancouver, B.C.
V6B 2L3

Ph. 604 683-7633
Fax 604 683-7634

Project:

Residence

Scale: 3" = 1'-0"

Date: 27 MAY, 1997

Drawn By:

Refer to: B/A4.2, F/A6

Revision: 29 JUNE, 98

Dwg. No. △ D 14

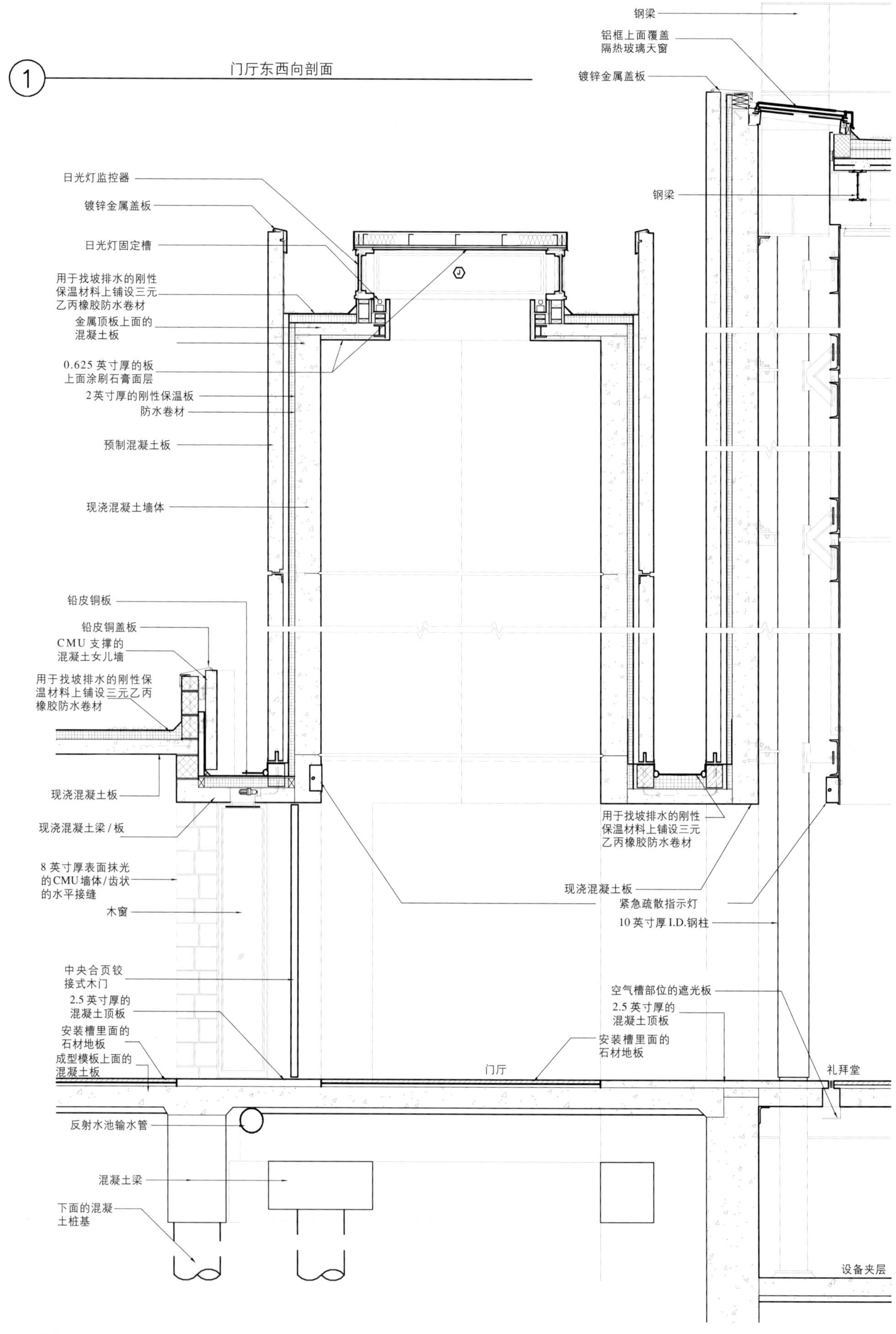
1
门厅东西向剖面
钢梁
铝框上面覆盖
隔热玻璃天窗
镀锌金属盖板
钢梁
日光灯监控器
镀锌金属盖板
日光灯固定槽
用于找坡排水的刚性
保温材料上铺设三元
乙丙橡胶防水卷材
金属顶板上面的
混凝土板
0.625 英寸厚的板
上面涂刷石膏面层
2英寸厚的刚性保温板
防水卷材
预制混凝土板
现浇混凝土墙体
铅皮铜板
铅皮铜盖板
CMU 支撑的
混凝土女儿墙
用于找坡排水的刚性保
温材料上铺设三元乙丙
橡胶防水卷材
现浇混凝土板
现浇混凝土梁/板
8 英寸厚表面抹光
的CMU墙体/齿状
的水平接缝
木窗
中央合页铰
接式木门
2.5 英寸厚的
混凝土顶板
安装槽里面的
石材地板
成型模板上面的
混凝土板
反射水池输水管
混凝土梁
下面的混凝
土桩基
用于找坡排水的刚性
保温材料上铺设三元
乙丙橡胶防水卷材
现浇混凝土板
紧急疏散指示灯
10 英寸厚 I.D.钢柱
空气槽部位的遮光板
2.5 英寸厚的
混凝土顶板
安装槽里面的
石材地板
门厅
礼拜堂
设备夹层

前页：弗朗索瓦·德梅尼建筑师事务所，拜占庭壁画教堂博物馆，休斯敦，1997年。预制混凝土板形成了博物馆的主体空间，它里面有两幅13世纪的壁画。

本页：弗朗索瓦·德梅尼建筑师事务所，拜占庭壁画教堂博物馆，休斯敦，1997年。混凝土板有斜接的边缘，混凝土板与板之间有开口的缝隙。

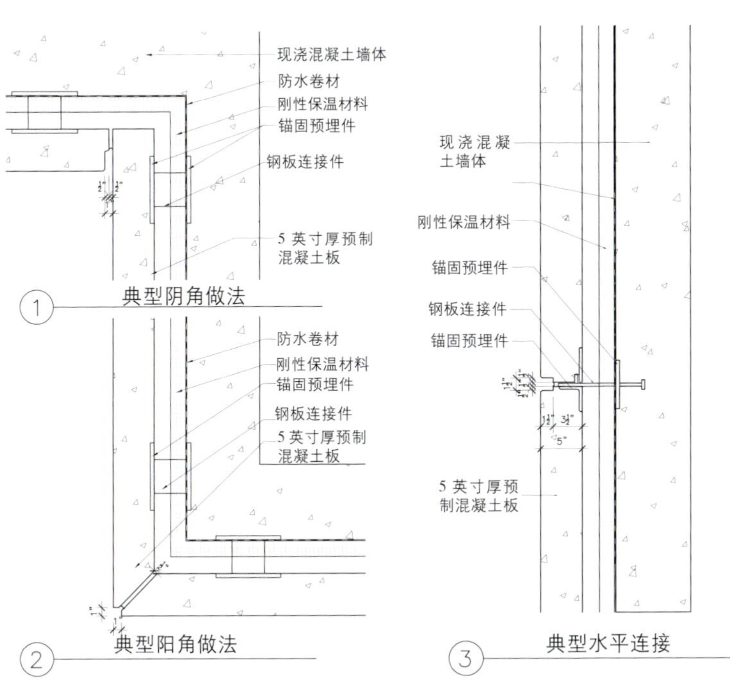

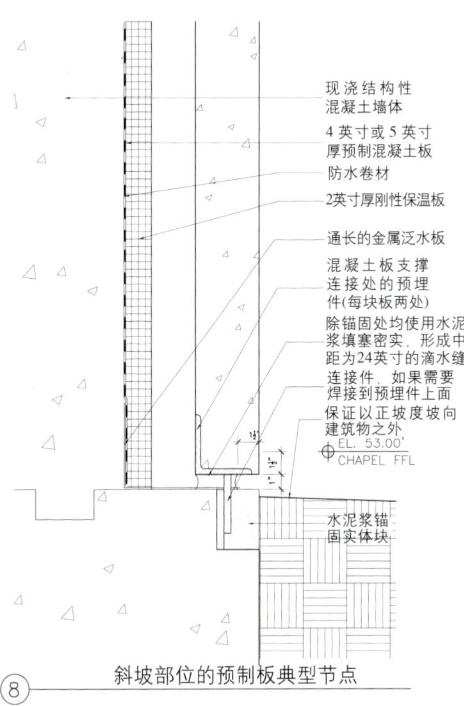

史蒂文·霍尔建筑师事务所,圣伊格内修斯教堂(Chapel of St.Ignatius),西雅图,1997年。这座教堂的外墙表面是通过一种向上倾斜的方式建造而成的。整体的彩色混凝土板是由在地面上浇筑而成的21块混凝土板组成的,它们在现场被垂直地立起来,而且每一个钩子上面都扣上了一个铜帽。

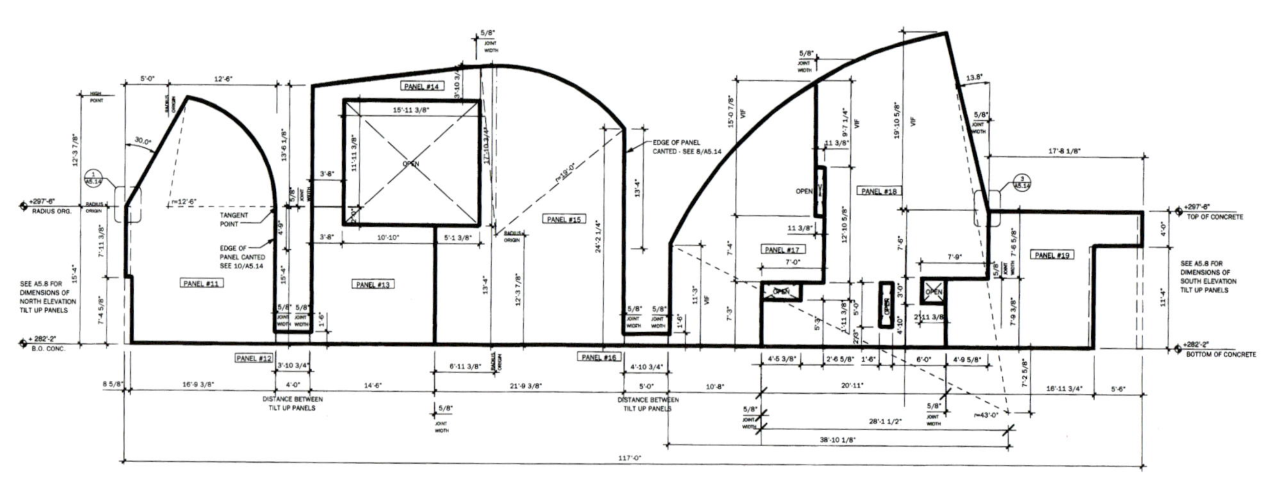

史蒂文·霍尔建筑师事务所，得克萨斯州斯特雷托住宅，达拉斯，1992年。在这栋住宅里面，连续而整齐的混凝土砌块构成的图案和柔软弯曲的压铸玻璃以及拱形的金属屋顶形成强烈的对比。

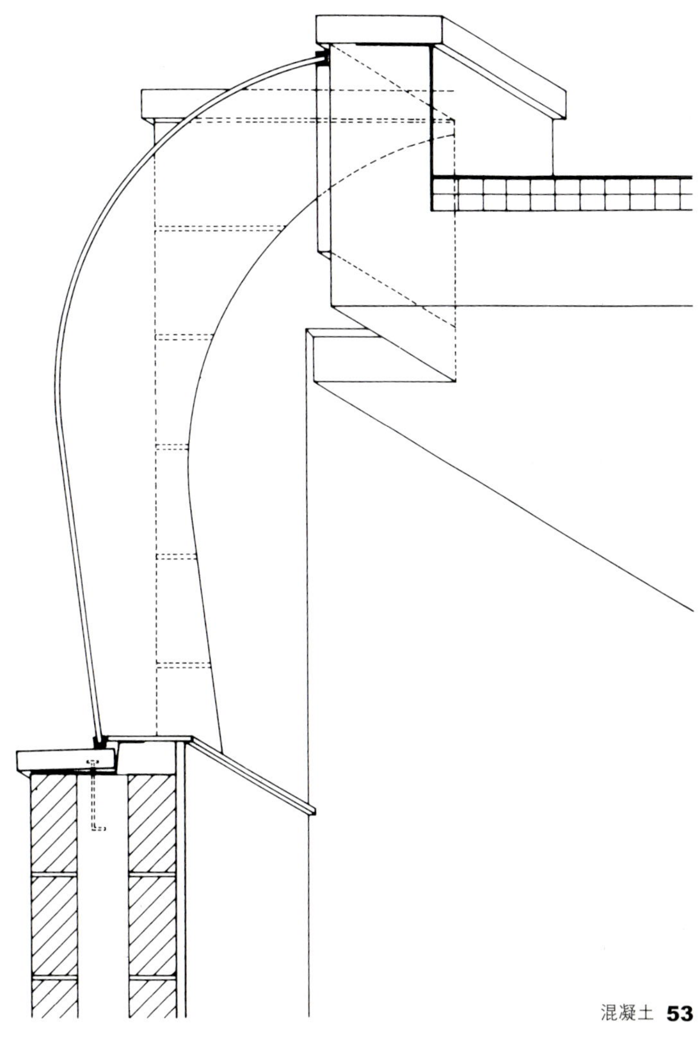

史蒂文·霍尔建筑师事务所和维托·阿坤茨，艺术与建筑陈列室的临街店面，纽约，1993年。这间陈列室使用了一块结构混凝土板，它的外立面可以通过这些铰接的大板开启，这些大板带有金属框架，并采用露明螺钉帽固定。

巴尔科·莱宾格建筑师事务所，特伦普夫顾客和训练中心，法明顿，康涅狄格州，1999年。喷砂的混凝土块，镶嵌着激光切割的不锈钢，形成室内的工作空间，它们支撑在钢框架上，带有加强拉杆，外面是两层高的玻璃墙。

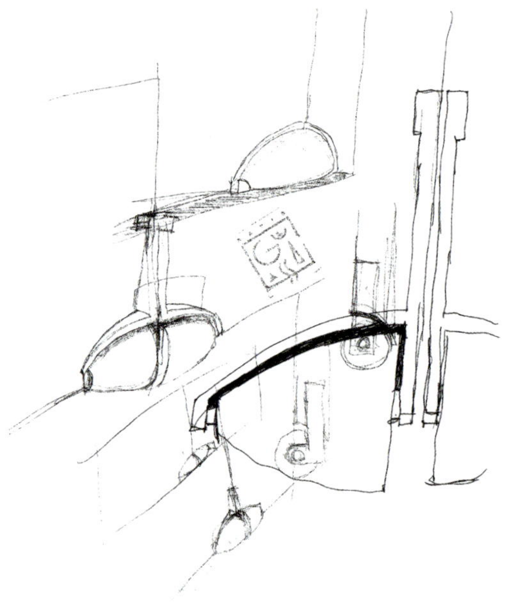

奥尔森·松德博格·昆迪希·艾伦建筑师事务所，工作室住宅，西雅图，1998年。这套厨房设施是由一个独立的预制混凝土柜台和水池组成的，还有一个可开启的混凝土橱柜门，门上带有青铜的滑轮，它正好和地板上的弧形轨道相吻合。

98775
R
98774
R

奥尔森·松德博格·昆迪希·艾伦建筑师事务所，密西·希尔家族葡萄酒厂，西岸，大不列颠哥伦比亚省，加拿大，2001年。在拱形混凝土顶棚上面穿了一个眼洞窗，为下面的酒窖提供了惟一的一束光线。

后页：奥尔森·松德博格·昆迪希·艾伦建筑师事务所，密西·希尔家族葡萄酒厂，西岸，大不列颠哥伦比亚省，加拿大，2001年。这家葡萄酒厂的地下酒窖是由当地的岩石爆破而形成，通过混凝土拱形圆顶屋面系统将它封闭起来。

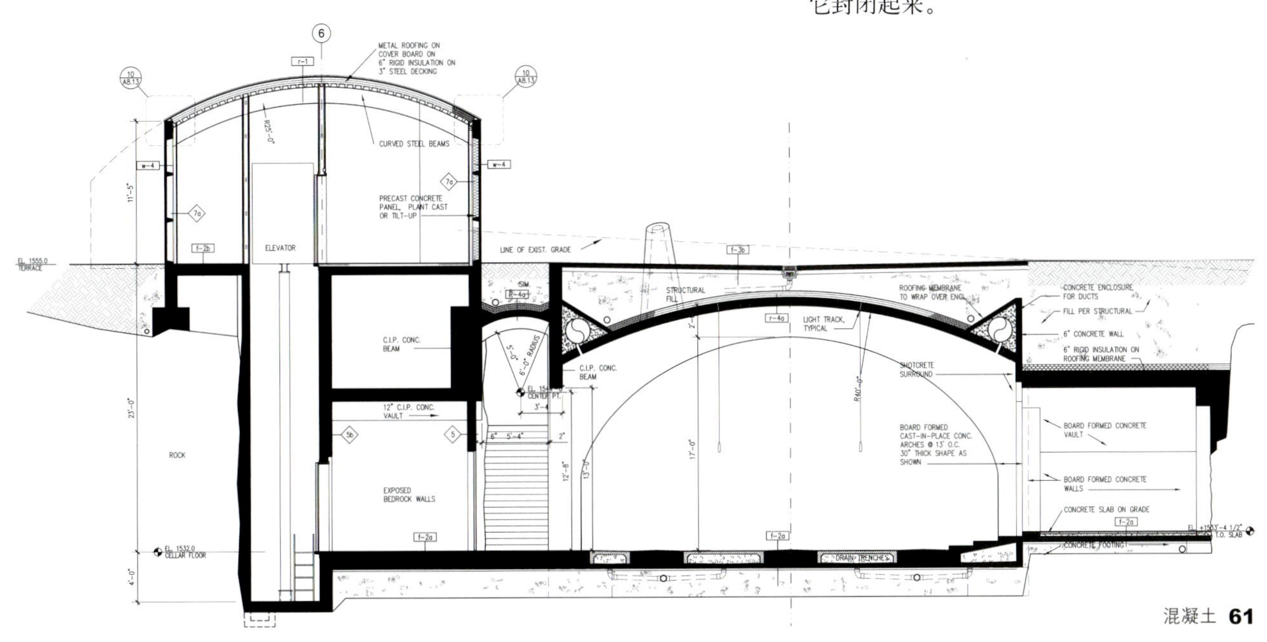

拉斐尔·维诺里建筑师事务所，普林斯顿大学露天体育场，普林斯顿，新泽西州，1998年。露天体育场的双层廊道位于预制混凝土露天看台下面，它允许光线透过每一排座位之间的开口格栅照射进来。

石 材

石材作为最基本的建筑材料，它的思想被霍华德·罗克(Howard Roark)在艾恩·兰德(Ayn Rand)的小说《根源》(*The Fountainhead*)里面概括为："这些石块儿……等着被劈开、锯开、敲碎、重新利用；等着我们的双手赋予它们形状。" ■ 作为最初的雕刻家，建筑师们用花岗石、石灰石和大理石进行工作，积累了这个专业里面的大部分知识。 ■ 对艺术的渴望以及赋予它们各种形状的本能仍然存在。 ■ 但是大多数现代的石材实际上是一些复合物，它们的纹理、强度和多孔性保留了原始石材大部分的丰富特性。

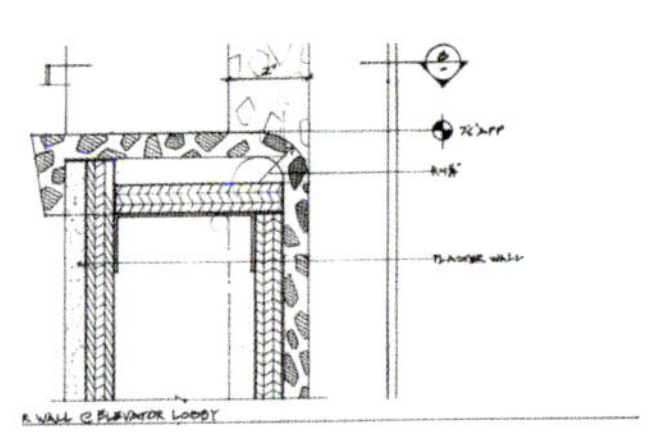

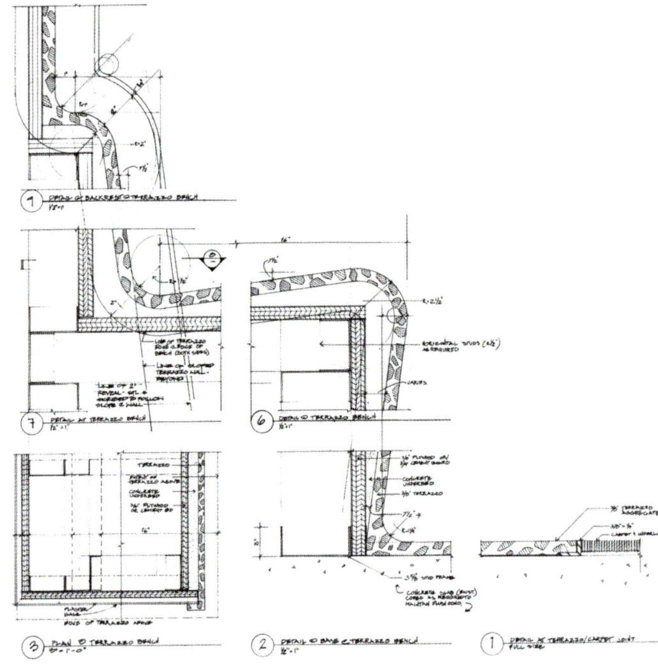

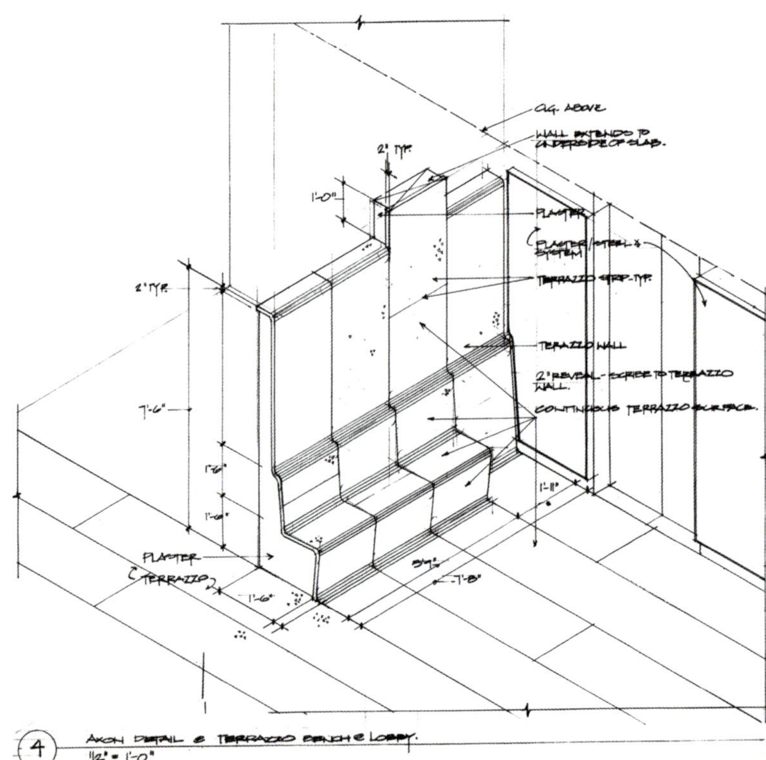

前页：建筑研究工作室，SoHo工作室，纽约，1999年。

本页：马查多和西尔韦蒂联合建筑师事务所，利平科蒂－马古利斯，纽约，1998年。这间办公室的材料组合包括木材、穿孔铝板、黑色钢材、玻璃和一道水磨石墙面，水磨石墙面曲折下来形成了一条长椅，然后延续下来又形成了入口区的地板，接着又转而向上形成了接待处的柜台。

前页：加贝里尼联合建筑师事务所，伊尔·桑德尔陈列室，米兰，意大利，2000年。地板和楼梯是由来自西班牙的阿利亚(Arria)石灰石制成的。

本页：史密斯－米勒+霍金森建筑师事务所，科宁玻璃博物馆一期，科宁，纽约州，1998年。观众厅是以灰绿色的蛇纹岩花岗石和一种白色枫木和梨木复合的胶合板来作内装饰的。(译者注：蛇纹岩是一类浅绿、浅棕或杂色的矿石，常用作建筑装饰石材)

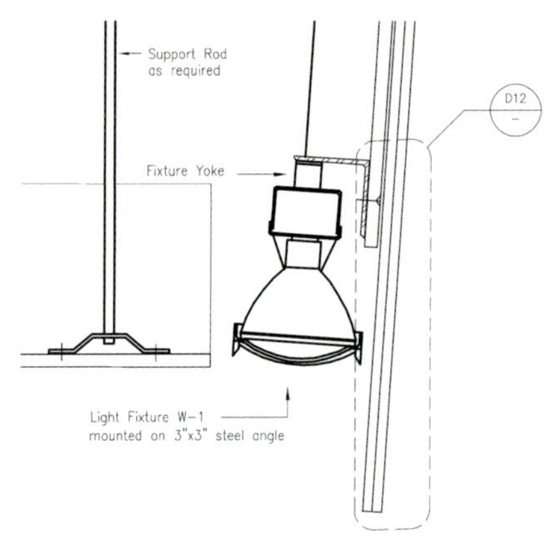

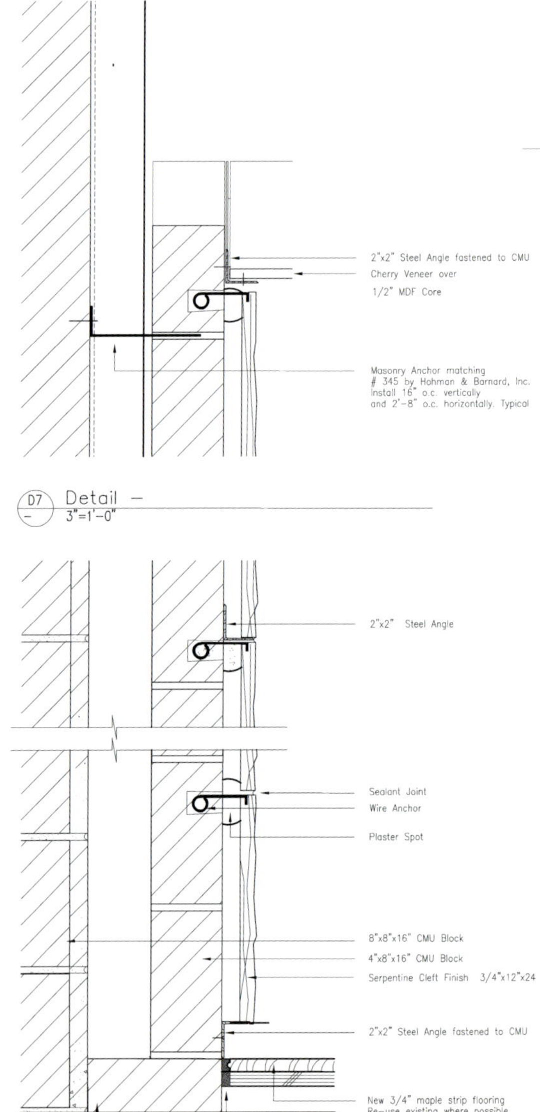

建筑研究工作室，SoHo 工作室，纽约，1999 年。预先配制的深蓝色带有脉纹的巴伊亚(Bahia)花岗石，在餐厅和厨房之间创造出一个 10 英尺高的隔断墙面。

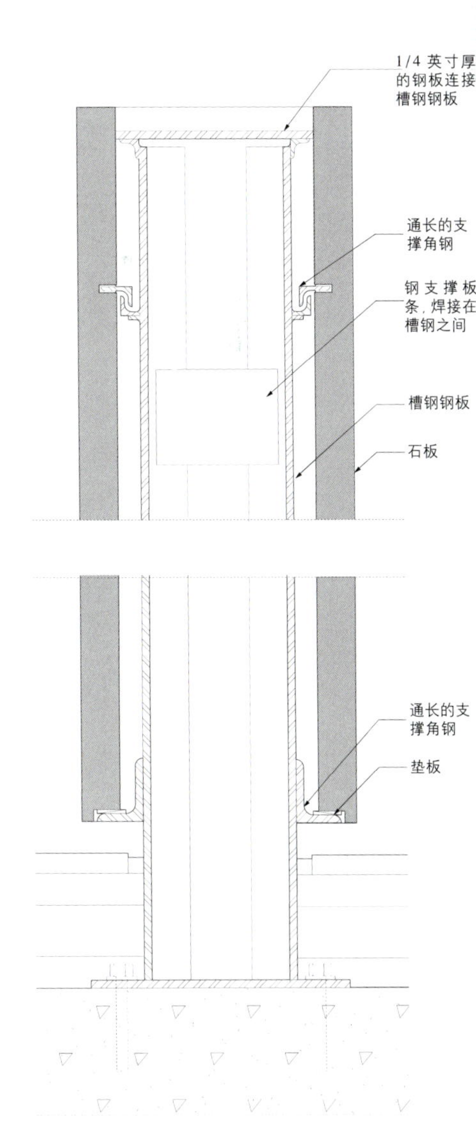

建筑研究工作室，SoHo 工作室，纽约，1999 年。一道板岩挡板从浴室的窗户处将光线反射过来，穿过带有黑色板岩纹理的淋浴墙的表面。

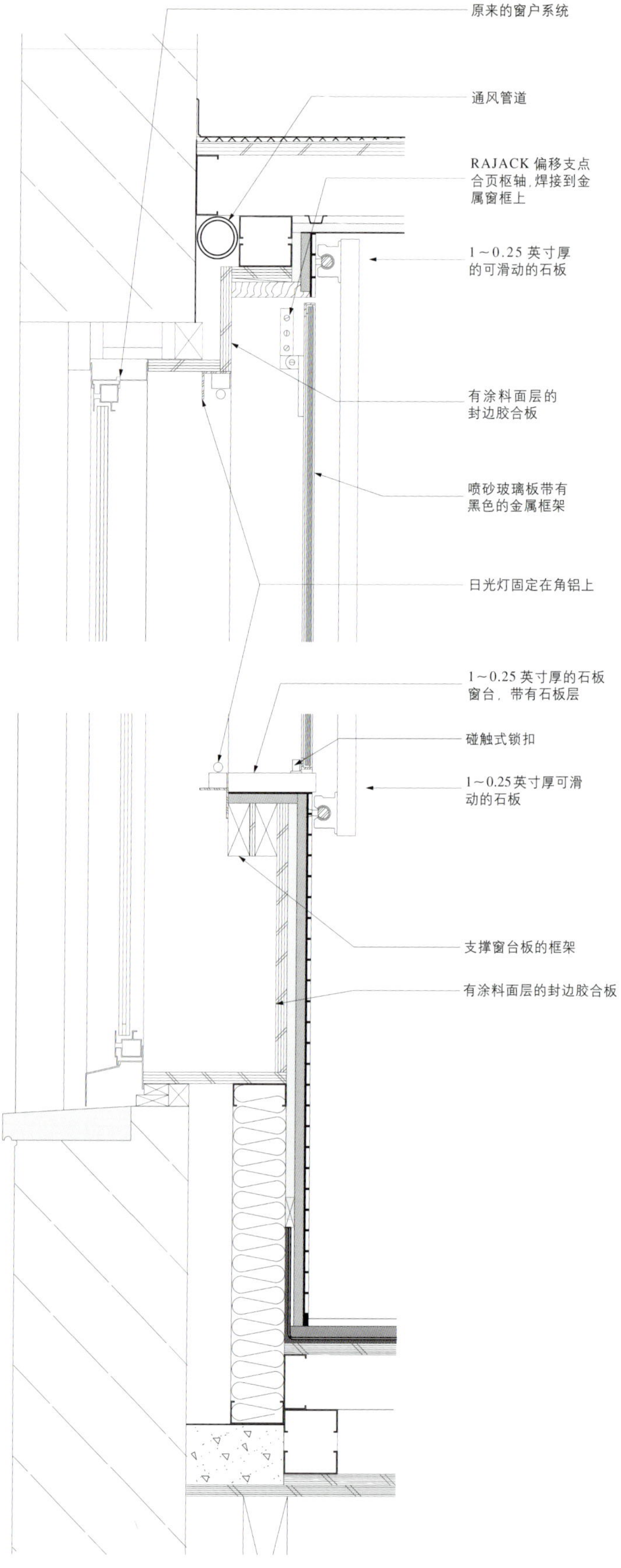

原来的窗户系统

通风管道

RAJACK 偏移支点合页枢轴，焊接到金属窗框上

1～0.25 英寸厚的可滑动的石板

有涂料面层的封边胶合板

喷砂玻璃板带有黑色的金属框架

日光灯固定在角铝上

1～0.25 英寸厚的石板窗台，带有石板层

碰触式锁扣

1～0.25 英寸厚可滑动的石板

支撑窗台板的框架

有涂料面层的封边胶合板

克吕克和塞克斯顿建筑师事务所，不锈钢公寓，芝加哥，1994年。抛光的棕色浴缸和墙壁在水磨石地板上面，旁边是磨砂玻璃墙，这片玻璃墙使光线可以从起居空间进入浴室。

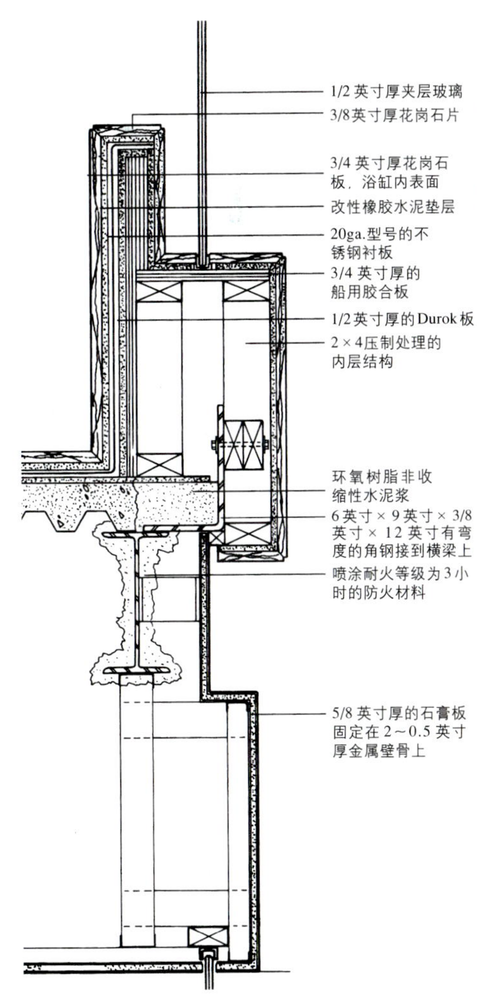

金 属

卡尔·桑德伯格(Carl Sandberg)说："一根钢管——实质上它仅仅是一支烟，一个男人的烟和血。" ■ 从扬斯敦到横滨，钢材和其他的建筑用金属都是生成于火红的熔炉里面，它们促进了现代建筑师能够建造更高、更大胆和更富有表现力的建筑物的信心。 ■ 建筑金属具有无数种表面和色彩，而且能够碾压打磨产生精密的、要求严格的容差，给设计者提供无限的应用范围。 ■ "对于我来说，金属是我们这个时代的材料，"弗兰克·盖里这样说，"它使建筑变成了雕塑。"

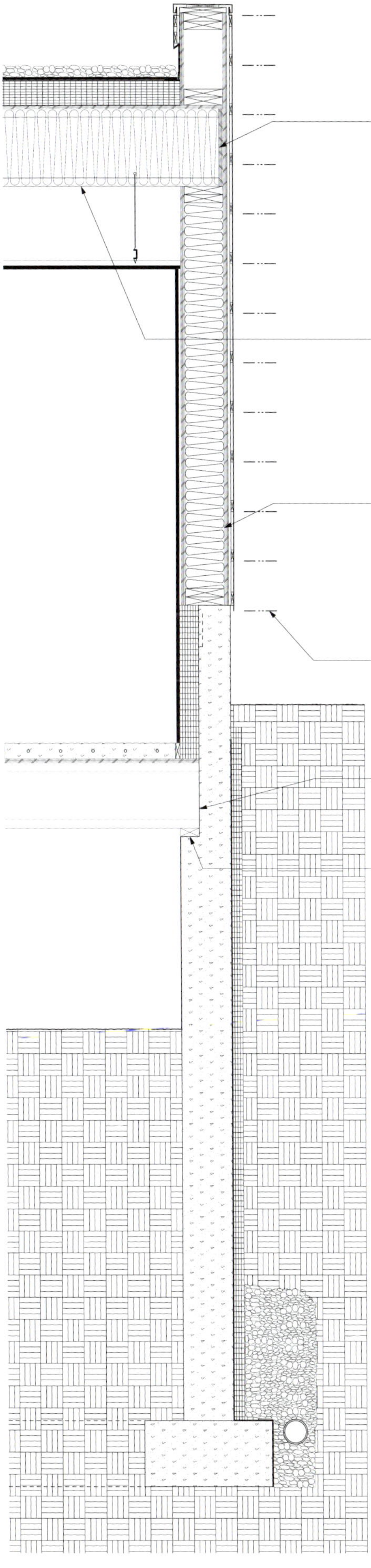

屋顶框架详
见结构图纸

6 密耳厚的隔汽层
(1 mil= 0.001inch=0.0254mm
——译者注)

木框架

钢板片层

地板框架详
见结构图纸

混凝土横档

前页：史蒂文·霍尔建筑师事务所，得克萨斯州斯特雷蒂奥住宅，达拉斯，1992 年。

本页：建筑研究工作室，科罗拉多住宅，特柳赖德，科罗拉多州，1999 年。这栋住宅的墙体在平面上是一些平行的条形，外部包裹着一层科尔坦低合金高强度钢板，坐落在喷砂混凝土的基础上面。因为每一块钢板方位不同，两排钢板之间的重叠尺寸也不同，因此最终形成的图案变化多端。

坦恩建筑师事务所，普林斯顿停车场，普林斯顿，新泽西州，2000年。水平的金属杆和编织的垂直缆索形成了一道不锈钢的幕墙罩在停车场的外部。

史蒂文·霍尔建筑师事务所，萨尔普哈蒂斯特罗特办公室，阿姆斯特丹，2000年。面对着一条运河，这栋房子有两层表皮——外层是预先作了铜绿处理的打孔铜板幕墙，内层是抹灰面层，上面带有强烈色彩的田园风光图案。

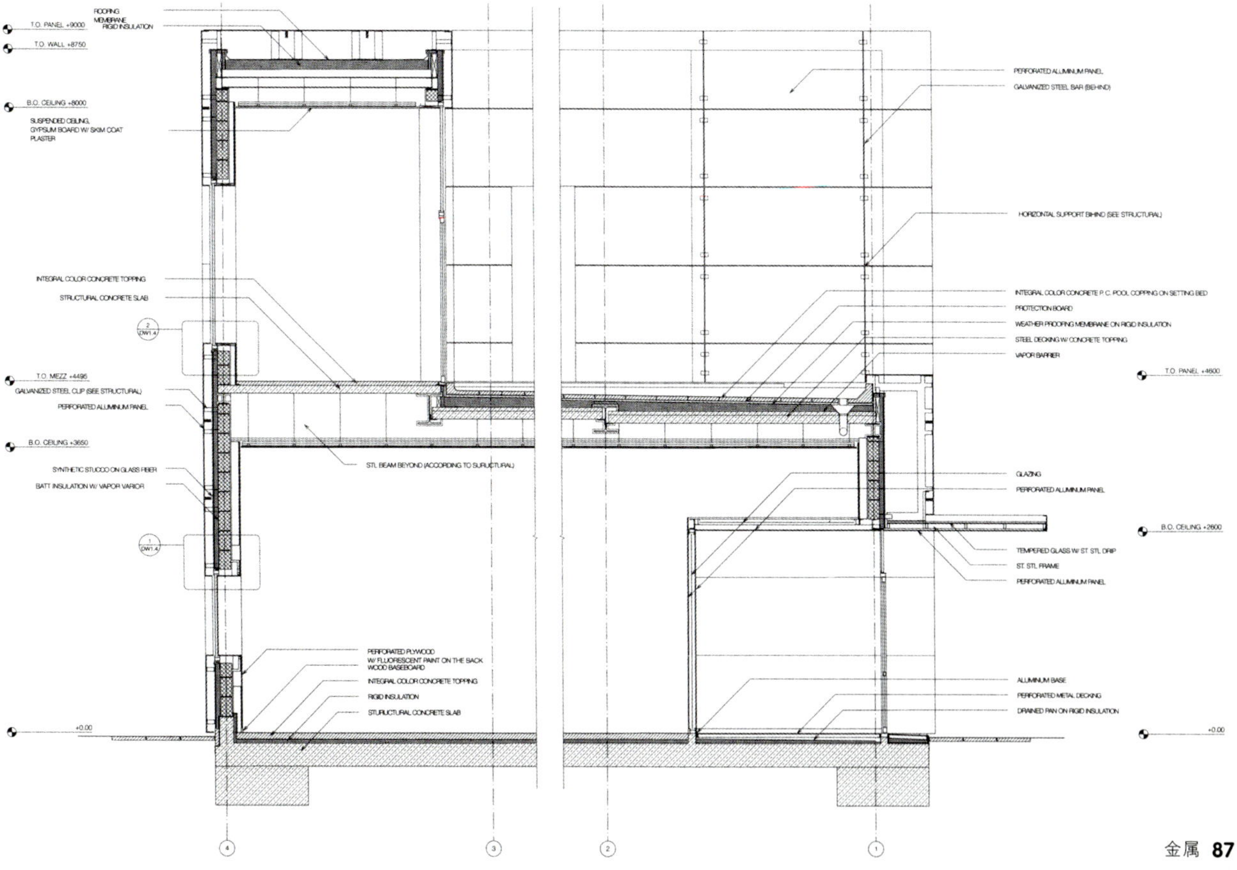

史蒂文·霍尔建筑师事务所，马库艾尔住宅，千叶，日本，1996年。这座小小的门房外面覆盖了一层预先氧化处理的锌板，它悬挑在一个反射水池上空，里面容纳了一间茶室。

后页：史蒂文·霍尔建筑师事务所，马库艾尔住宅，千叶，日本，1996年。这个公共会议厅因它那锈红色的氧化金属面板而从整个巨大的混合体中区别开来。

史蒂文·霍尔建筑师事务所，当代艺术博物馆，赫尔辛基，芬兰，1998年。锌板屋顶的曲面被切开形成天窗开口，从而为上层的展室提供采光。

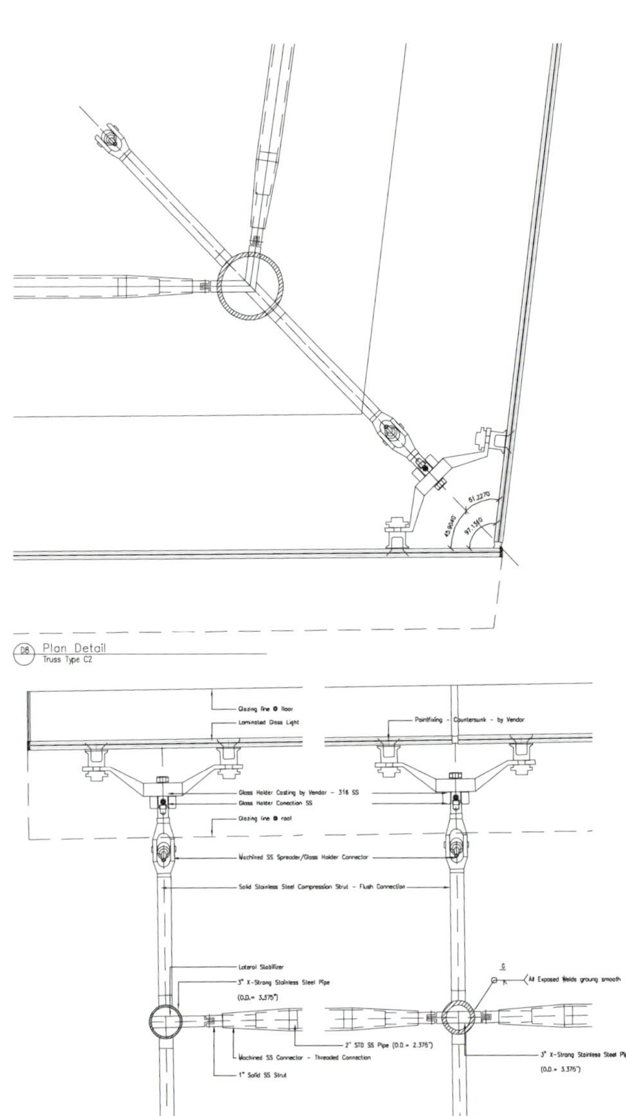

史密斯–米勒+霍金森建筑师事务所，科宁玻璃博物馆二期，科宁，纽约州，1999年。为了努力保持“窗墙”的透明性，将玻璃表面层从由不锈钢张拉构件组成的结构系统上面脱离开来。

史密斯-米勒+霍金森建筑师事务所，科宁玻璃博物馆，二期，科宁，纽约州，1999年。为了支撑一个二极管显示器，使用钢缆将一个由阳极镀铝的角钢构成的构架从顶棚上面悬吊下来。

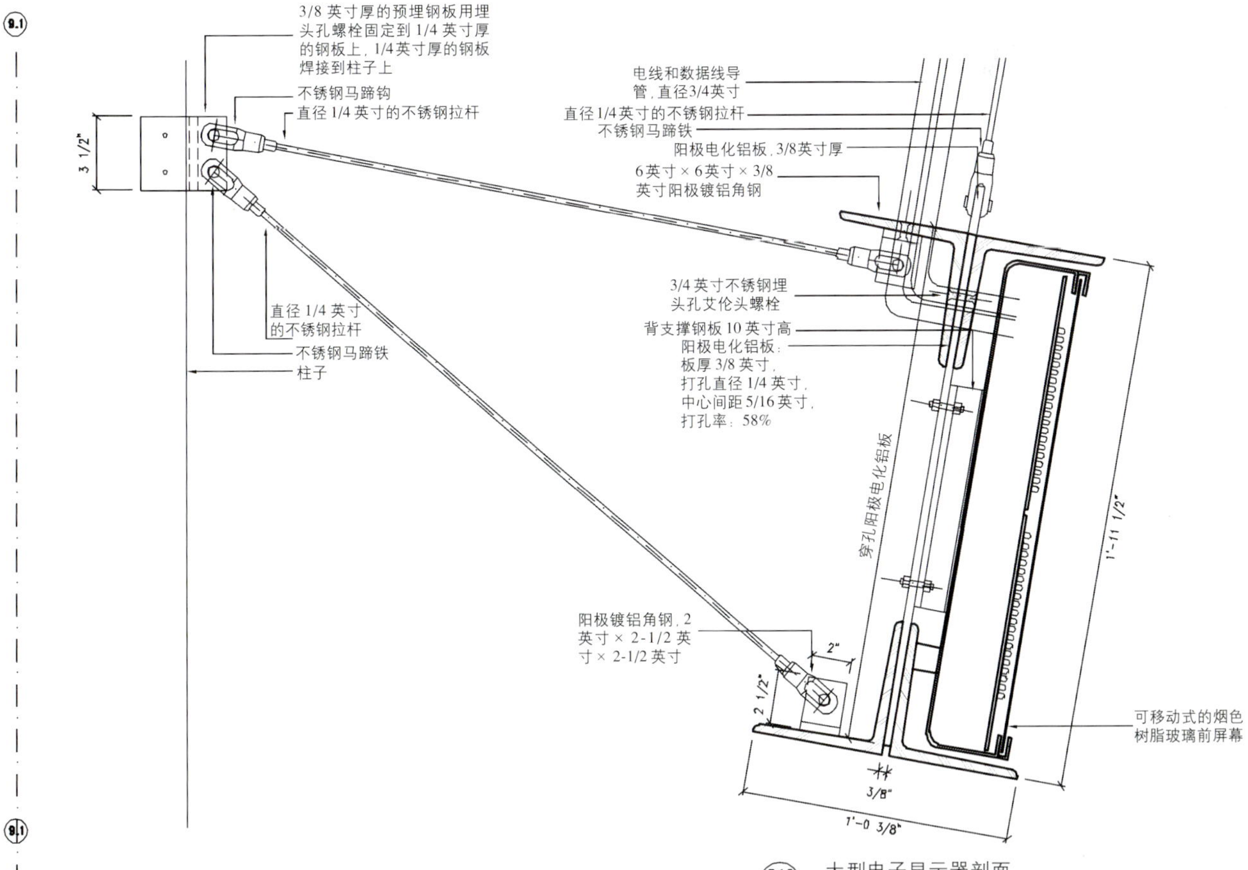

9.1

3/8 英寸厚的预埋钢板用埋头孔螺栓固定到 1/4 英寸厚的钢板上，1/4英寸厚的钢板焊接到柱子上

不锈钢马蹄钩

直径 1/4 英寸的不锈钢拉杆

3 1/2"

直径 1/4 英寸的不锈钢拉杆

不锈钢马蹄铁

柱子

电线和数据线导管，直径3/4英寸

直径1/4英寸的不锈钢拉杆

不锈钢马蹄铁

阳极电化铝板，3/8英寸厚

6英寸 × 6英寸 × 3/8 英寸阳极镀铝角钢

3/4英寸不锈钢埋头孔艾伦头螺栓

背支撑钢板 10 英寸高

阳极电化铝板：板厚 3/8 英寸，打孔直径 1/4 英寸，中心间距5/16英寸，打孔率：58%

穿孔阳极电化铝板

1'-11 1/2"

阳极镀铝角钢，2 英寸 × 2-1/2 英寸 × 2-1/2 英寸

2"

2 1/2"

可移动式的烟色树脂玻璃前屏幕

3/8"

1'-0 3/8"

9.1

D10 大型电子显示器剖面

3"=1'-0"

史密斯-米勒+霍金森建筑师事务所，圆形大厅博物馆，布鲁克林，纽约，1993年。扶手是由阳极电化铝板构成，这种板采用清澈透明的莱克桑(Lexan)聚碳酸酯纤维板作为填充材料。

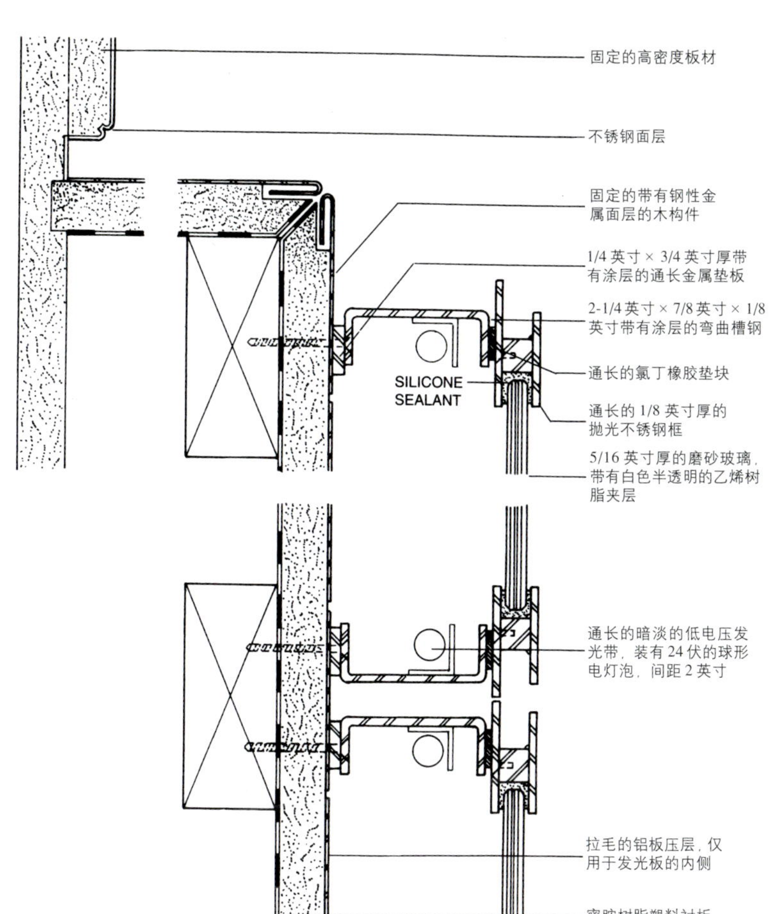

克吕克和塞克斯顿建筑师事务所，不锈钢公寓，芝加哥，1994 年。位于书房和就餐区之间的隔断表面覆盖一层金属板，它支撑着一块轻巧的磨砂玻璃板，磨砂玻璃板装在抛光的不锈钢框架内。相邻楼梯的不锈钢踏步从一根独立的横梁上面悬挑出来，浮在它的基座——黑檀木平台上面。

阿尔基-泰克托尼克斯，伍斯特大街阁楼，纽约，1998年。在这间厨房里面有两个悬挑的台面，它们是不锈钢矮柜的功能补充：一个是由现场固定的黑色防水水泥制成，另一个有一个支点，并且是由特制的无毒环氧树脂铸成。

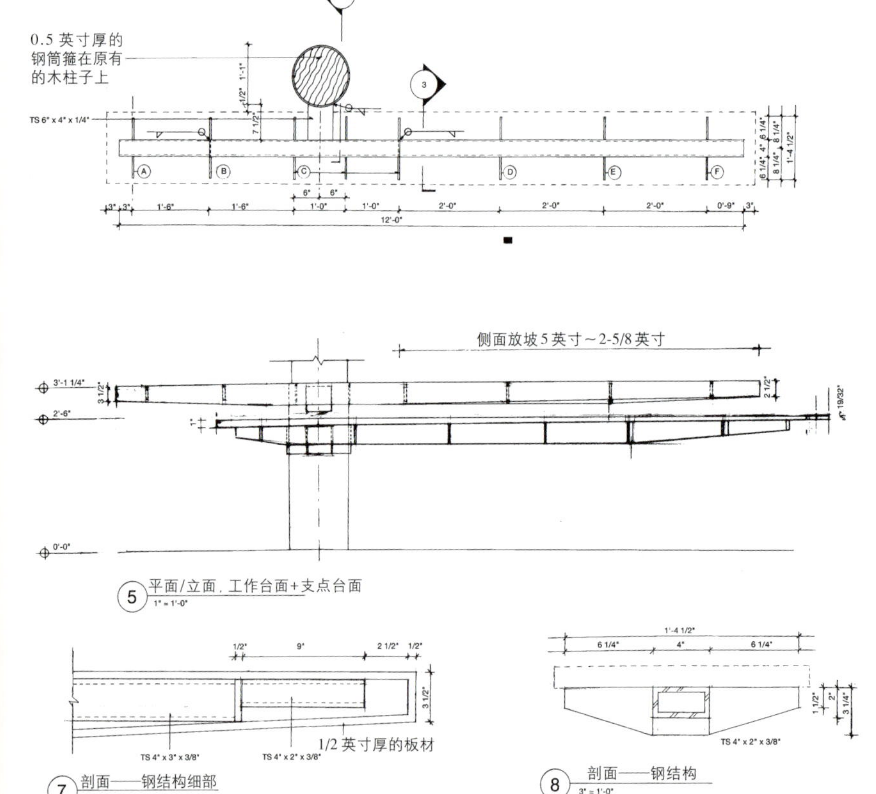

罗克韦尔集团，艺术家工作室，纽约，1997年。可滑动的展示墙面将嵌入式的书架隐藏在穿孔金属板后面。黑色的钢壁架和小块的磁铁是在展示中连续变换艺术品和图纸时用的。

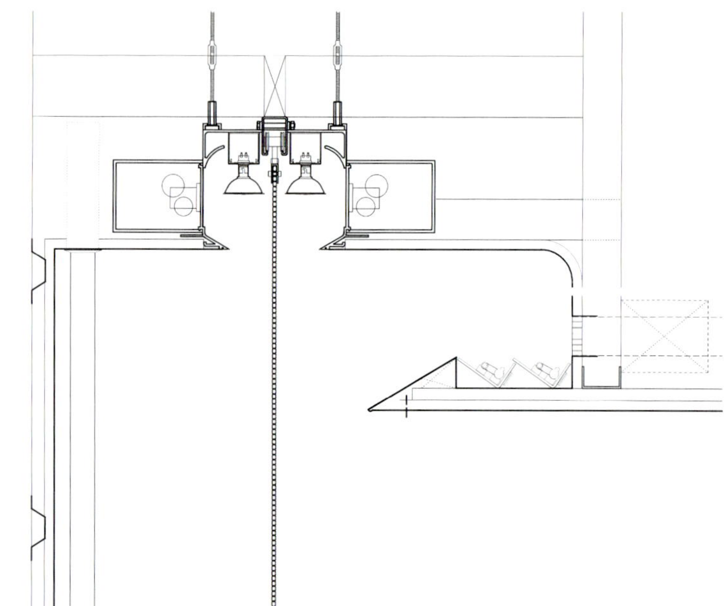

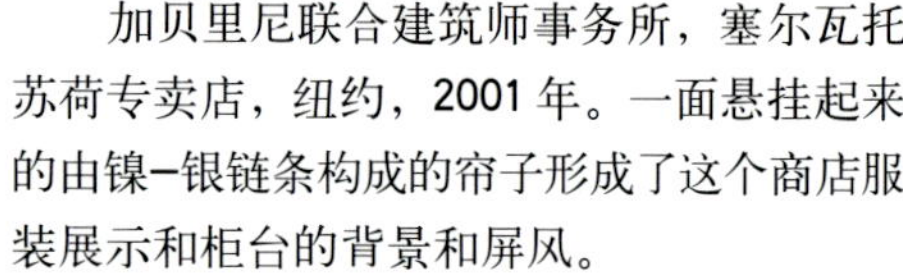

加贝里尼联合建筑师事务所，塞尔瓦托苏荷专卖店，纽约，2001 年。一面悬挂起来的由镍-银链条构成的帘子形成了这个商店服装展示和柜台的背景和屏风。

弗兰克·O·盖里及其联合建筑师事务所(G·特科特斯的戈登·基平)，特赖布卡－伊斯赛－米亚克专卖店，纽约，2001年。一个25英尺高的雕塑般的流动的钛金属带状物占据了这个商店的核心部位。

涂　料

“材料的应用有两种方法”，查尔斯·穆尔说，“将复杂的东西简化或者将简单的东西复杂化。”■ 涂料是后者的一个实例。■ 将内墙的表面上加工，它就能呈现出一种变化丰富的肌理。■ 在室外，它能够使一栋建筑变成表面、光线和阴影复合在一起的多面体。■ 它是一种渴望被触摸的材料。■ 事实上，当灰泥未被加工的时候，它能够保持任何施加在它上面的形状，所以穆尔称之为“具有记忆的材料”。■ 后来的建筑师补充道：“正是这种岁月的纹理变成了它丰富性的一部分”。

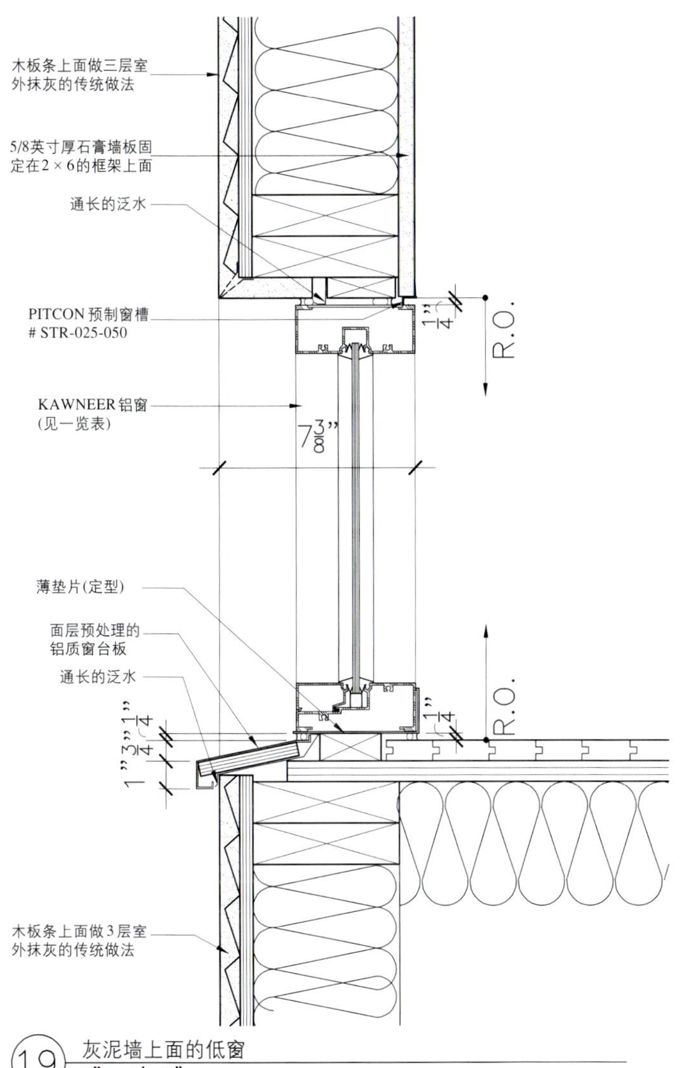

前页：奥尔森·松德博格·昆迪希·艾伦建筑师事务所，诺斯西雅图住宅，西雅图，2000年。

本页：弗朗索瓦·德梅尼建筑师事务所，邦克大街住宅，休斯敦，2000年。这栋住宅的装饰抹灰墙面上有分隔缝，并嵌有铝窗。

史蒂文·霍尔建筑师事务所，当代艺术博物馆，赫尔辛基，芬兰，1998年。自然光线以各种方式进入展室，通过半透明的玻璃漫射到抹灰墙面上。

下页：史蒂文·霍尔建筑师事务所，当代艺术博物馆，赫尔辛基，芬兰，1998年。天窗在抹灰顶棚上面切出切口，通过一张折锌板平面反映出外部的曲面形屋顶。

史蒂文·霍尔建筑师事务所，当代艺术博物馆，赫尔辛基，芬兰，1998年。生动的外部屋顶曲面创造出一个沐浴在渐变光线里面的室内抹灰墙面。

史蒂文·霍尔建筑师事务所，圣伊格内修斯教堂，西雅图，华盛顿州，1997年。光束墙是由涂料划痕形成的，在施工期间用巨大的齿状泥铲以手工方式做出图案，并且就让它们处于一种不装饰的状态。

彼得·L·格卢克及其合伙人建筑师事务所，密歇根湖畔住宅，海兰帕克，伊利诺伊州，1997年。餐厅的拱形吊顶是由胶合板和纸面石膏板夹板层构成的，然后用钢制泥铲抹上白色抹灰作为面层。

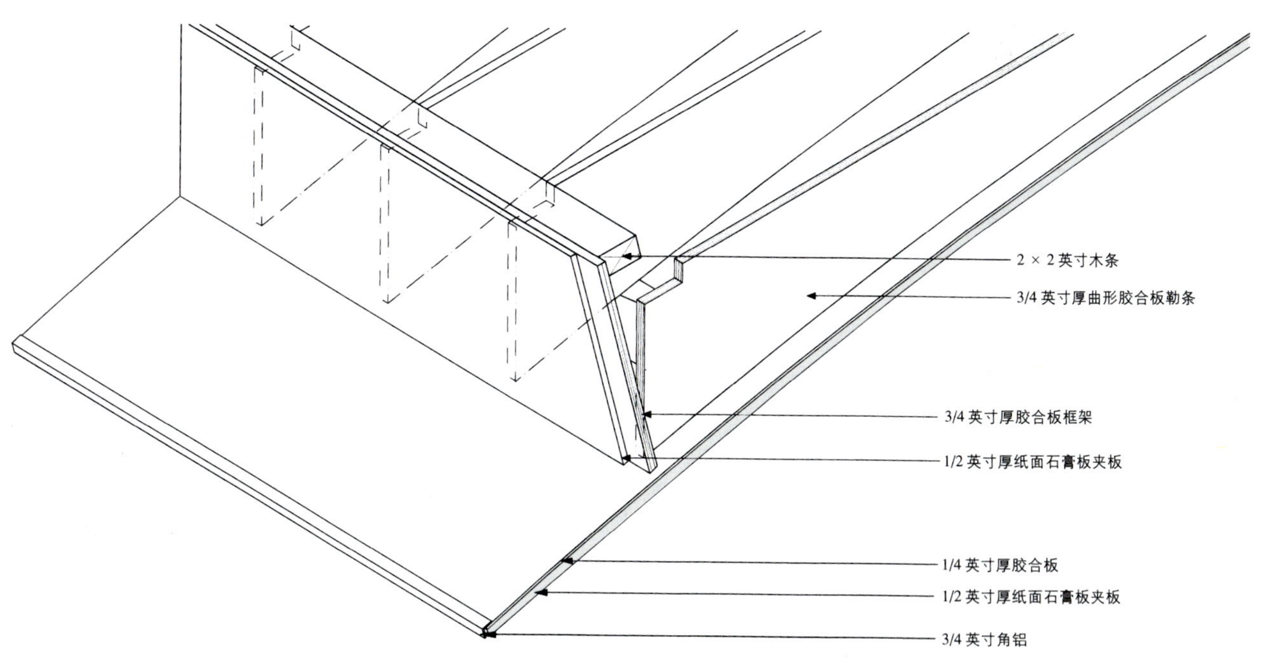

霍莱联合建筑师事务所，波梅格拉尼特，旧金山，1998年。高亮度的抹灰墙体是由可滑动的板材构成的，这种可滑动的墙板是由卢马赛特（Lumasite）板、木板或者意大利薄石膏板复合而成的。它们使各工作室和收藏空间之间可分可合。

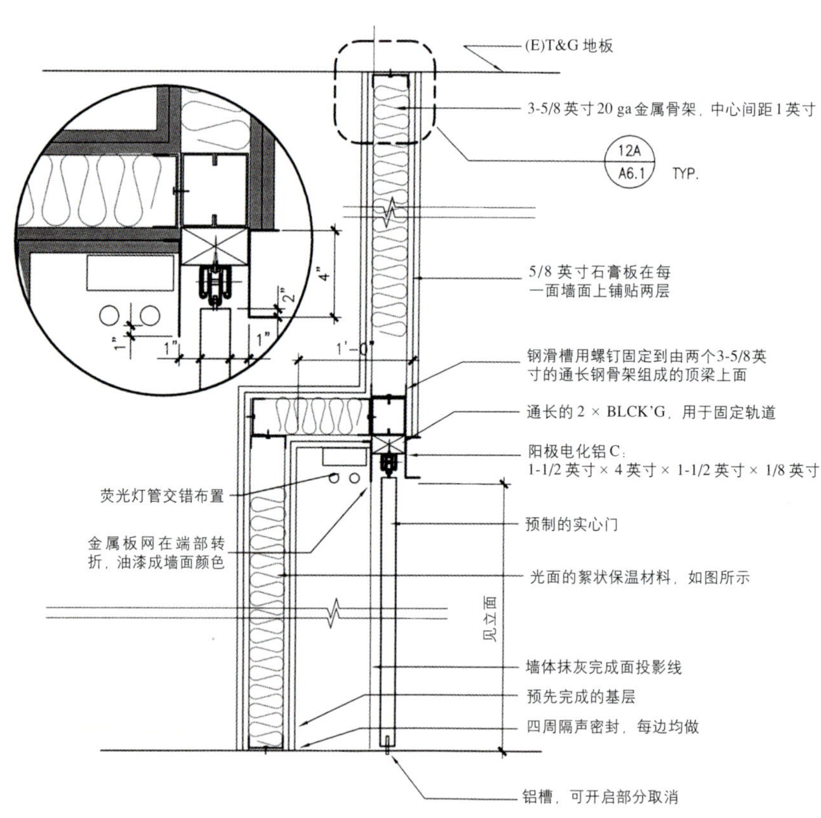

阿斯福尔·古奇建筑师事务所，T管理办公室，纽约，1999年。楼梯间的曲线形式来源于一个变形的圆柱体，面层抹灰。

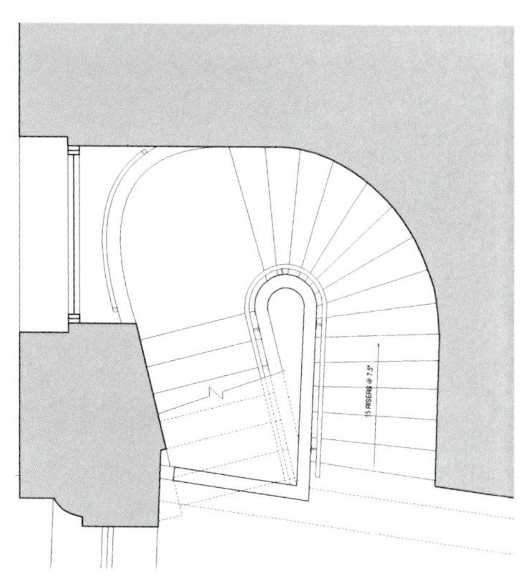

织 物

“像梦一样静静的出现，哪儿没有锤子和锯的声音”，威廉·考珀(William Cowpor)如是说。■ 在建筑界，“weaving”和“fabric”这两个词的使用情况是很普遍的。■ 然而，作为一种室内和室外都可使用的材料，织物在其他一些材料中间仍然显得非同寻常，它柔软、易弯曲、可以以数不清的方式进行应用。■ 创造性的布置织物可以重新定义整个空间，但它是很温和的起到这种作用的。■ 像屏幕一样，织物可以增添一种神秘的气氛。■ 织物可以是精巧的半透明状，而不是完全透明的，它可以是高强度的、被拉紧的，也可以在风中飘荡。■ 它是建筑丰富的表面的一部分。

前页：阿尔基–泰克托尼克斯，伍斯特大街顶楼，纽约，1998年。

本页：奥尔森·松德博格·昆迪希·艾伦建筑师事务所，工作室住宅，西雅图，1998年。一道帆布窗帘从一道雪松帘轨上面悬挂下来，形成了木板形状的办公空间两层高的混凝土墙面的衬里。

前页：阿尔基－泰克托尼克斯，伍斯特大街顶楼，纽约，1998年。绒面革布材料的帘幕和卧室里面温暖的硬木表面相辅相成，成为精密的不锈钢和半透明的玻璃墙系统的对照物。

本页：帕萨内拉＋克莱因·施托尔茨曼＋伯格建筑师事务所，中央公园公寓，纽约，1999年。紧紧地张拉在不锈钢框架内的帆布构成的可滑动隔墙板，将卧室的储藏间遮挡起来。

附注：

a. 可滑动的幕布框架——1英寸×1英寸的不锈钢管构造，喷砂面层

b. 重型棉纺帆布幕布——缝合在一起

c. 加强边框，1/4英寸直径的不锈钢杆

d. 金属扣件

e. 皮革绑绳

f. 挡光板边框和挂钩

g. 金属网——见详细说明

h. 1/4英寸×1/2英寸矩形开口，中心间距4英寸

i. 3/16英寸直径的不锈钢通长钢杆弯曲成型，穿过不锈钢管并现场焊接固定

j. 不锈钢面板

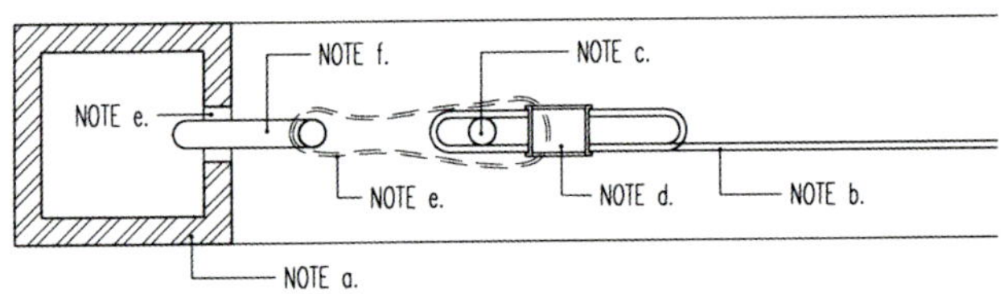

03 隔板细部，满刻度
FULL SCALE

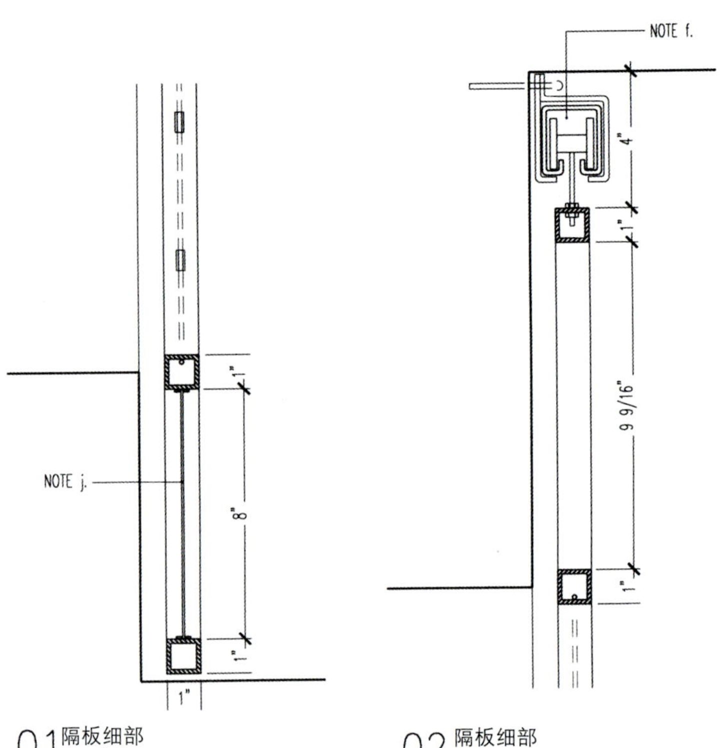

01 隔板细部
3" = 1'-0"

02 隔板细部
3" = 1'-0"

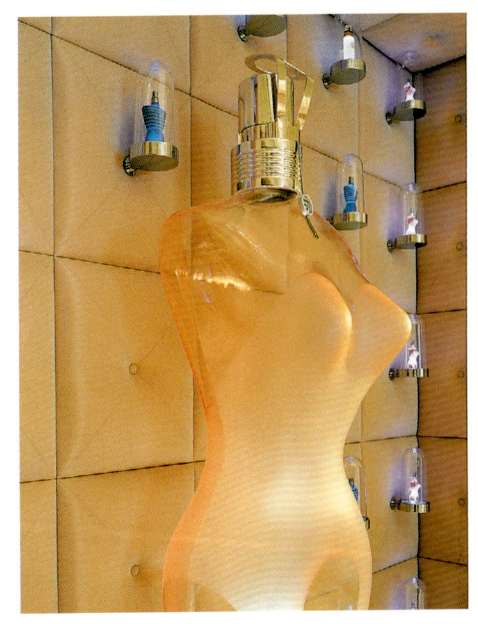

菲利普·斯塔克，琼·保罗·高尔蒂尔，纽约，2002年。像豪华的家具一样，这面墙体用塔夫绸来装饰表面，并且在每一块矩形饰面的中心用钮扣扣紧。(译者注：塔夫绸是一种略微带有光泽、脆而滑的平纹织物，由各种纤维，比如丝绸、人造丝或尼龙做成，常被用来制作女装。)

吉塞拉·施特罗迈尔设计室，米加艺术馆，纽约，1998年。这间货仓空间被一家印刷公司占用着，由预制切割的斯潘德克斯弹性纤维幕布分隔开，幕布从顶棚上的金属吊钩上面悬挂下来，又被地板上面的拉杆拉紧。(译者注：斯潘德克斯弹性纤维又称氨纶，化学名称为聚氨基甲酸乙酯弹性纤维，是一种合成纤维，用于制造腰带、游泳衣等弹性衣物)

吉塞拉·施特罗迈尔设计室，隐名俱乐部，苏黎世，1998年。这五只灯笼是用斯潘德克斯弹性纤维制成的，它们被玻璃纤维环张拉开。

吉塞拉·施特罗迈尔设计室，隐名俱乐部，苏黎世，1998年。从顶棚上面悬挂下来的斯潘德克斯弹性纤维膜被张拉开，并在俱乐部的酒吧上部形成三个层次的平面。

罗克韦尔集团，索莱伊圆形剧场，奥兰多，佛罗里达州，1999年。这个像织物的张拉结构膜是由带有特氟纶涂层的玻璃纤维构成的。(译者注：特氟纶是聚四氟乙烯产品的商标名，聚四氟乙烯是一种光滑不透明的材料，常被用来作为烹饪用具的涂层，在工业上防止粘附)

人工合成材料

在第二次世界大战以后的这个时代，塑料和其他人工合成建筑材料的全部潜能才得以显现出来。■ 在德怀特·艾森豪威尔的时代(1953—1961年第34任美国总统——译者注)以及在镀铬面层的汽车时代，像查尔斯(Charles)和雷·埃姆斯(Ray Eames)这样的设计师都认为没有哪一种其他材料能够提供像人工合成材料那样的性能：延展性、耐久性以及大规模生产所带来的成本节省。■ 现在新一代的设计师们正在用难以想像的形状、质地和色彩来应用这些东西。■ 人工合成材料保留着像赋予它们生命的那个时代那样的全部可能。

前页：STUDIOS 建筑工作室，里斯克梅特里克斯集团，纽约，1999 年。

本页：图雷特合作建筑师事务所，汤米男孩音乐室，纽约，1992 年。在这间具有 hip–hop标志的办公室里，墙面是由带可见的木框架的半透明丙烯酸卢马赛特(Lumasite)板组成的。(hip–hop，大城市特别是市中心青年中流行的街道文化，特点是各种街道画，霹雳舞和说唱音乐。——译者注)

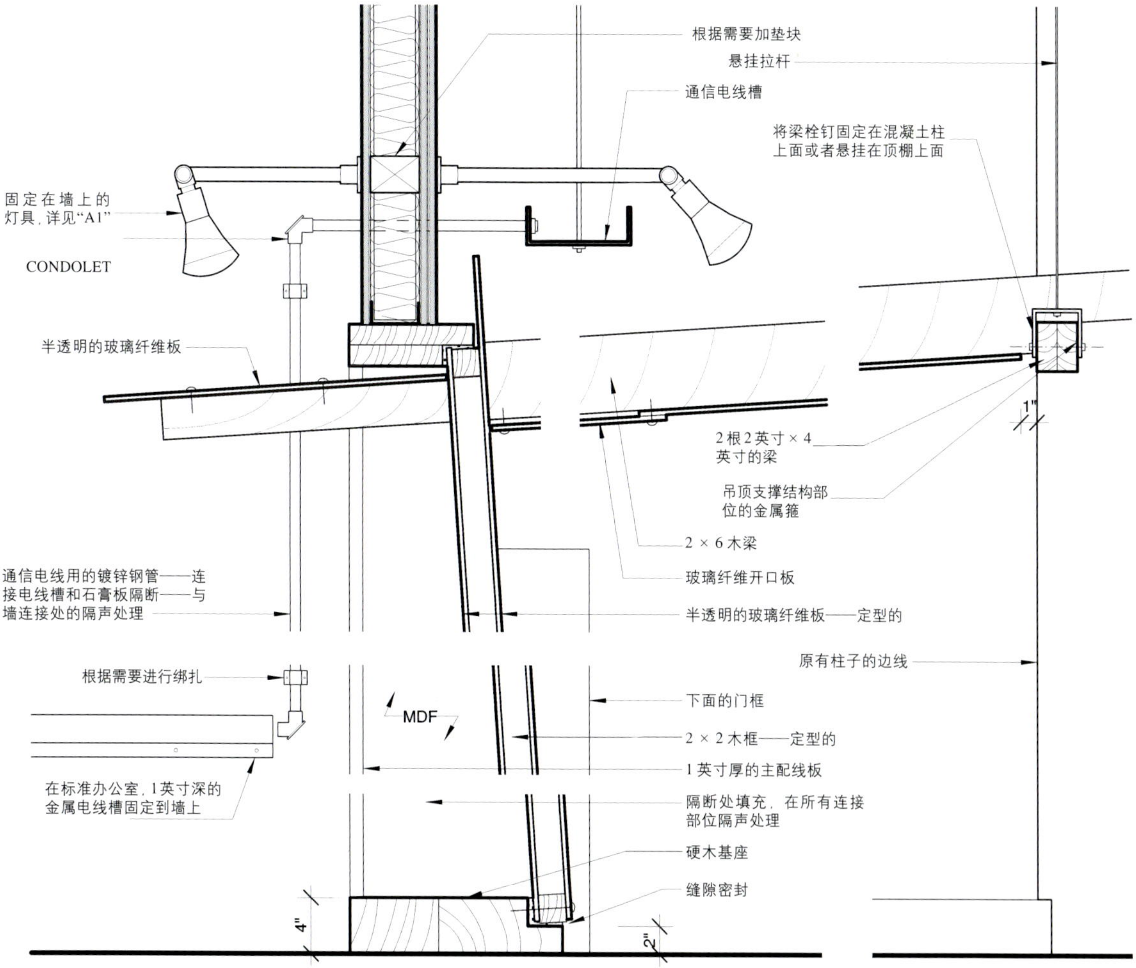

根据需要加垫块

悬挂拉杆

通信电线槽

将梁栓钉固定在混凝土柱上面或者悬挂在顶棚上面

固定在墙上的灯具，详见“A1”

CONDOLET

半透明的玻璃纤维板

2 根 2 英寸 × 4 英寸的梁

1"

吊顶支撑结构部位的金属箍

2 × 6 木梁

玻璃纤维开口板

通信电线用的镀锌钢管——连接电线槽和石膏板隔断——与墙连接处的隔声处理

半透明的玻璃纤维板——定型的

原有柱子的边线

根据需要进行绑扎

MDF

下面的门框

2 × 2 木框——定型的

1 英寸厚的主配线板

在标准办公室，1 英寸深的金属电线槽固定到墙上

隔断处填充，在所有连接部位隔声处理

硬木基座

缝隙密封

4"

2"

建筑研究工作室，大写字母Z办公室，纽约，1998年。办公室的墙体是由挤压的聚碳酸酯板材构成的，这种材料主要是用作室外天窗。这种订制的板材带有黑色的钢制竖框和透明的推拉玻璃门，木框凹进去一块形成了门的把手。(译者注：聚碳酸酯是一种热塑性物质，具有很强的抗冲击力的特点，常被用来制造不易击碎的窗户。)

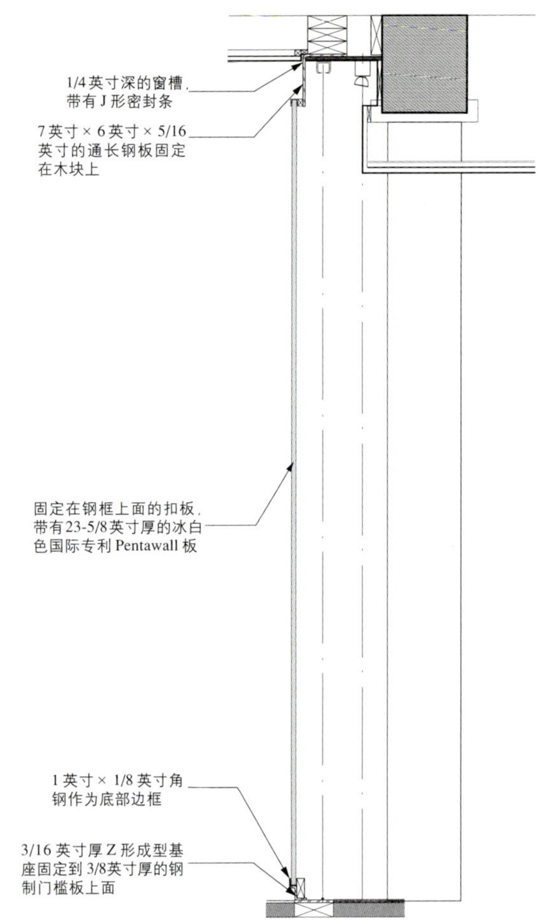

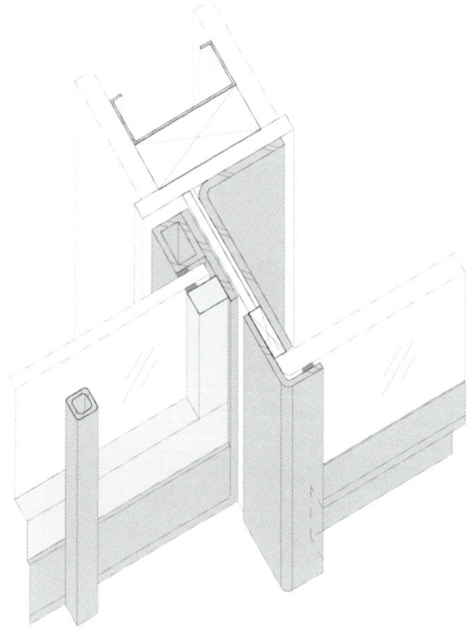

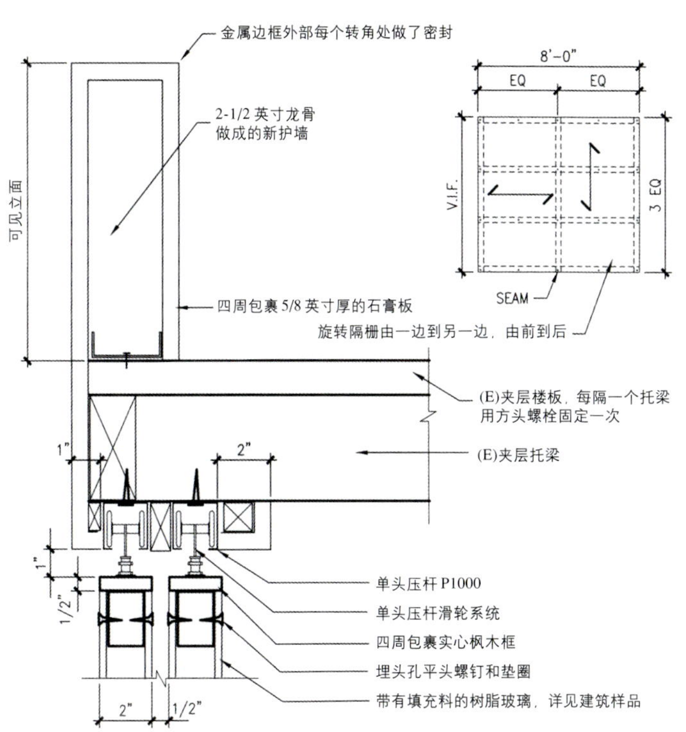

霍莱联合建筑师事务所，波梅格拉尼特，旧金山，1998 年。在这家后期编辑制作公司里面，房子的后半部分被一道可滑动的隔板遮挡在后面，这道隔板是由两层卢马赛特(Lumasite)板复合组成，两层卢马赛特板的方向相反，都安装在实心枫木框里面。

西德曼·佩特龙·加特纳建筑师事务所，科蒂公司办公室，纽约，2000年。独立的会议室被有机玻璃的和蜂窝板围合而成，这些板是由纯净的木框架支撑起来的。

赫尔方建筑事务所，杜布勒克利克办公室，纽约，1997年。与粗纹帕拉列姆(Parallam)板形成的工作站形成对比，这道波纹状的墙在开放的工作空间和私密的个人空间之间形成了一道半透明的分隔。

前页：雷姆·库哈斯大都市建筑工作室和建筑研究工作室，SoHo 普拉达商店，纽约，2001 年。由波纹状塑料板形成的墙面和顶棚形成了那个悬挂的金属网展示容器和波浪形斑木地板的背景。(译者注：斑木又称条纹木，是一种非洲或美洲热带地区的有条纹的树木，常用来制作精细家具)

本页：戴维·林格建筑师事务所，简易房，纽约，1998 年。这间办公室的三层高中庭和楼梯间紧靠一侧的布置，像瀑布一样从一道折叠的、玻璃纤维波纹板的背发光墙面上流下来。

玻 璃

"Beinahe nichts,"伟大的现代主义大师路德维希·密斯·凡·德·罗喜欢简洁。"几乎什么也没有"。 ■ 玻璃是一种空灵通透的"无材料"，这和20世纪建筑师们对"虚无"的崇拜相符合。■ 玻璃将外面的世界带进来，反之亦然。■ 今天的设计师们在公共建筑和私人建筑的领域挖掘材料的各种潜在性能。 ■ 在很大程度上，玻璃窗使建筑开放而透明，同时也使建筑神秘而超现实。 ■ 珀西·比希·谢利(Percy Bysshe Shelley)说："生活，像一个多彩的玻璃穹顶，将永恒的白色光芒染上颜色"

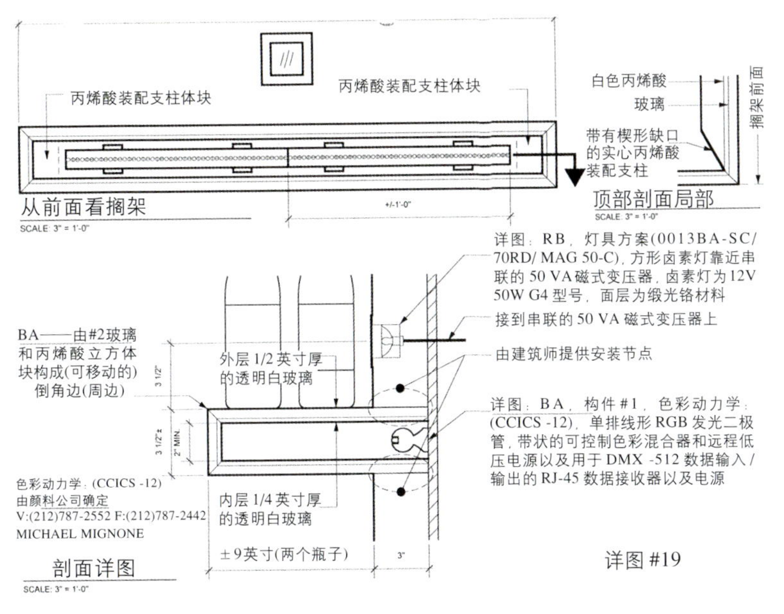

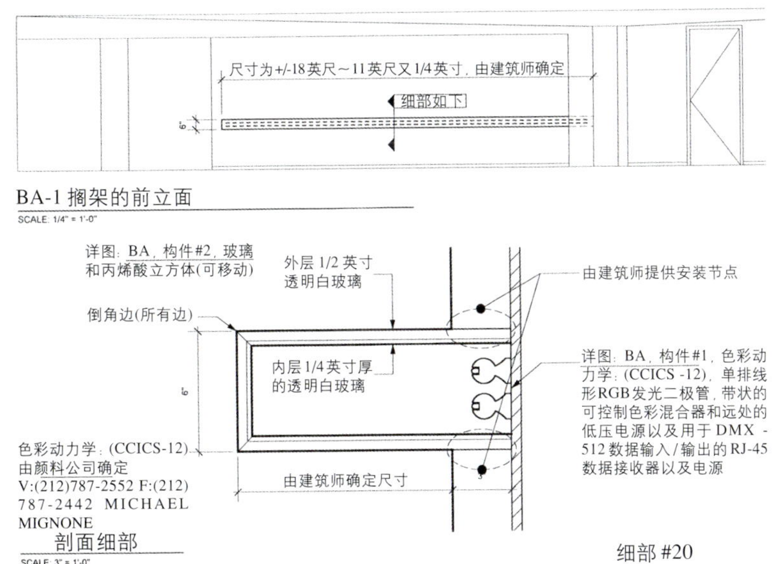

前页：戴维斯·布罗迪·邦德，瓦莱奥供热系统，北美总部和技术中心，奥本·希尔斯，密歇根州，1998 年。

本页：帕萨内拉 + 克莱因·施托尔茨曼 + 伯格建筑师事务所，肖勒姆酒店，纽约，2000 年。为了有组织地引导客人进入内部空间，一系列的玻璃表面和体块都散发出鲜艳的色彩。

阿尔基-泰克托尼克斯，伍斯特大街阁楼建筑，纽约，1998年。这间公寓的室内是由一道多个小平面组成的隔墙进行组织的，隔墙是由不锈钢框架和半透明的舒米(Sumi)玻璃构成的。

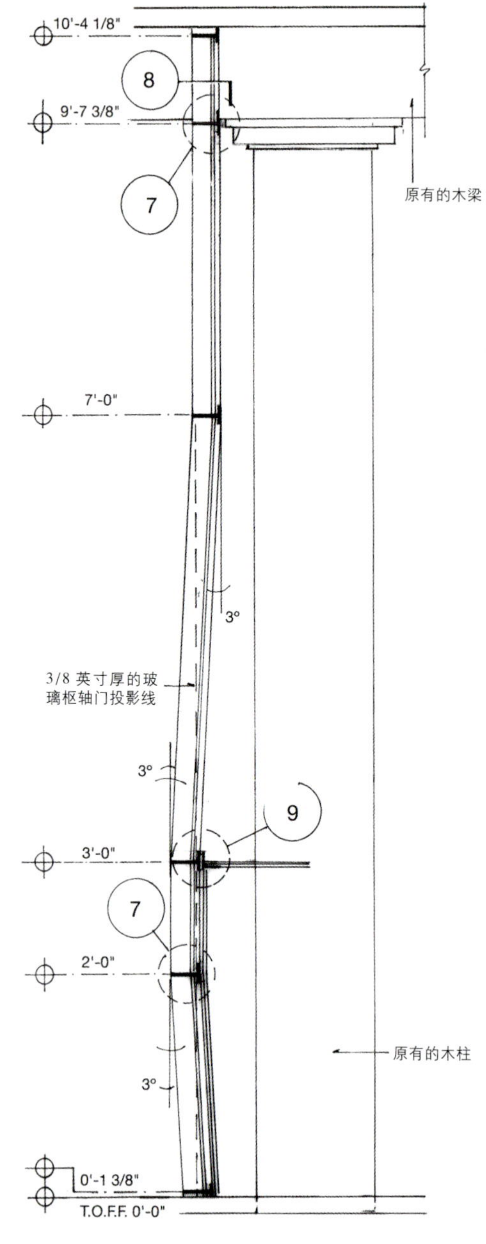

5 剖面 1" = 1'-0"

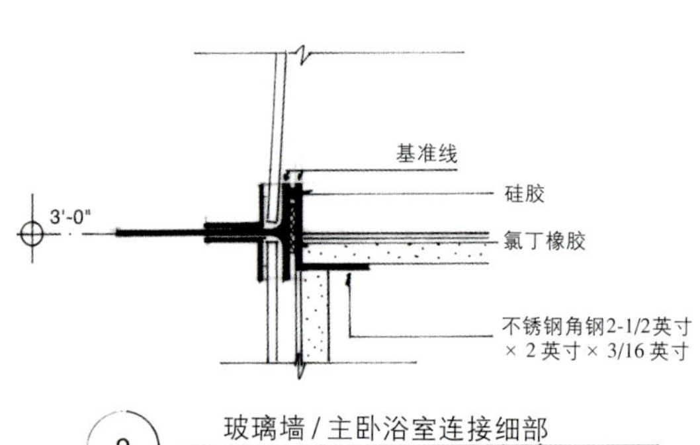

9 玻璃墙 / 主卧浴室连接细部 3" = 1'-0"

加贝里尼联合建筑师事务所，派克大街公寓，纽约，1998年。这间浴室被处理成一个独立的空间，它靠发光玻璃墙来限定出空间范围，靠黑色的桃花心木的条边与玻璃墙形成平衡。(译者注：红木，桃花心木，美洲热带常绿树木，其坚硬、红棕色木材极富价值，适宜于做家具)

加贝里尼联合建筑师事务所，伊尔·桑德尔陈列室，汉堡，1997年。水白色的门和镜子是由低含铁的玻璃（low-iron glass）制成的，它们支撑在镀镍-银的薄壁框架内。

马查多和西尔韦蒂联合建筑师事务所，利平科特—马格利斯，纽约，1998年。黑色的钢框支撑着由蓝色、半透明的、透明的和磨砂的玻璃板组合而成的面板。

MSM 建筑师事务所，USM 家居陈列室，纽约，2002 年。四层带有半透明夹层的斯塔尔法尔(Starfire)玻璃共同构成了楼梯的踢步和踏步，并从内侧照亮。

后页：MSM 建筑师事务所，USM 家居陈列室，纽约，2002 年。楼梯的支撑构件被隐藏起来了，而且每一步踢步都从钢化玻璃侧墙边后退 4 英寸，以再次强调结构独立的感觉。

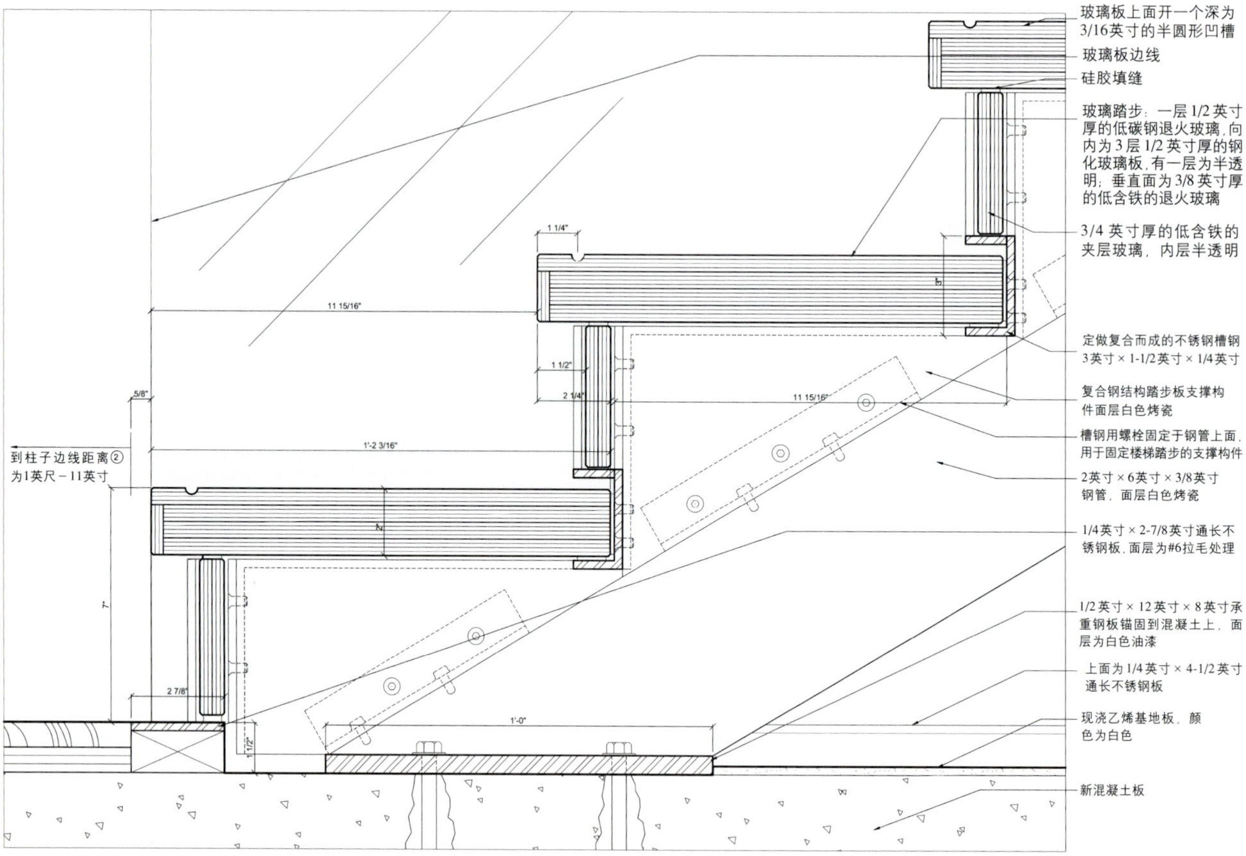

玻璃板上面开一个深为3/16英寸的半圆形凹槽
玻璃板边线
硅胶填缝
玻璃踏步：一层1/2英寸厚的低碳钢退火玻璃，向内为3层1/2英寸厚的钢化玻璃板，有一层为半透明；垂直面为3/8英寸厚的低含铁的退火玻璃
3/4 英寸厚的低含铁的夹层玻璃，内层半透明
定做复合而成的不锈钢槽钢 3英寸 × 1-1/2英寸 × 1/4英寸
复合钢结构踏步板支撑构件面层白色烤瓷
槽钢用螺栓固定于钢管上面，用于固定楼梯踏步的支撑构件
2英寸 × 6英寸 × 3/8英寸钢管，面层白色烤瓷
1/4英寸 × 2-7/8英寸通长不锈钢板，面层为#6拉毛处理
1/2英寸 × 12英寸 × 8英寸承重钢板锚固到混凝土上，面层为白色油漆
上面为1/4英寸 × 4-1/2英寸通长不锈钢板
现浇乙烯基地板，颜色为白色
新混凝土板
到柱子边线距离②为1英尺－11英寸
1 1/4"
11 15/16"
1 1/2"
2 1/4"
11 15/16"
5/8"
1'-2 3/16"
2 7/8"
1'-0"
1 1/2"

格卢克曼·马伊内建筑师事务所，卡陶容阿德利精品店，纽约，1999年。褪色的胶合木板和半透明的玻璃墙使试衣间从商店的其他部分突出地衬托出来。

彼得·马利诺+阿索卡建筑师事务所，夏奈尔商店，伦敦，2002年。发光二极管照亮的墙体和顶棚是由双层的低含铁玻璃和中间的陶瓷面玻璃夹层构成的。显示牌显现出暗淡的夏奈尔标志的形象，还能通过程序控制显示宽边排列的其他视觉形象。

彼得·马利诺+阿索卡建筑师事务所，夏奈尔商店，大阪，日本，2001年。低含铁透明玻璃幕墙包含一个白色陶瓷夹层，从而营造出一堵生动的、由发光二极管背投光照亮的墙面，可以用于不断变化的文字和图像展示。

CHANEL

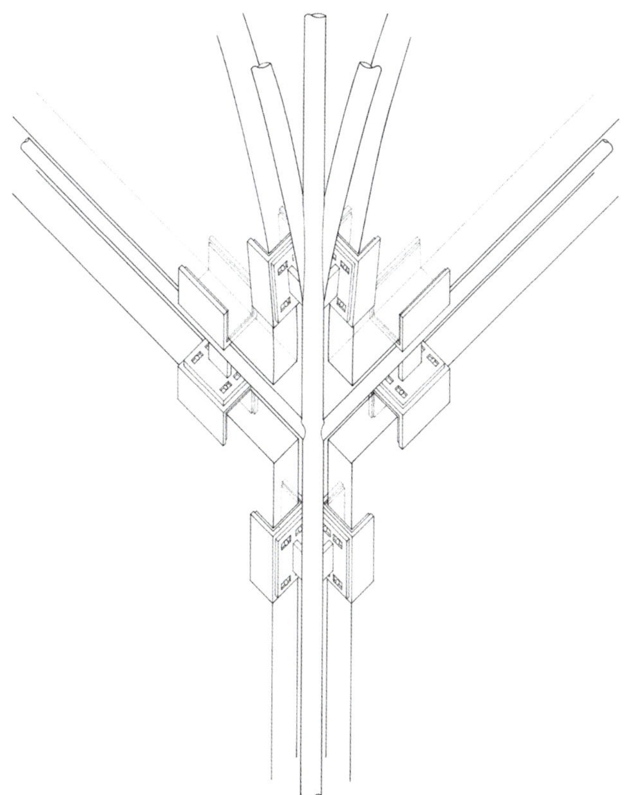

弗朗索瓦·德梅尼建筑师事务所，拜占庭—壁画礼拜堂博物馆，休斯敦，1997年。像建造在黑色盒子里面的舞台设施一样，层积的毛玻璃(磨砂玻璃)薄片被夹在钢管中，在形式上与展出的原始壁画产生共鸣。

史蒂文·霍尔建筑师事务所，圣伊格内修斯礼拜堂，西雅图，华盛顿州，1997年。教堂的游行路线要经过的洗礼圣水盆，被旁边的一块半透明的玻璃板照亮。

NO BARRIER CAN DIVIDE WHERE LIFE UNITES. ONE FAITH, ONE FOUNT, ONE SPIRIT, MAKES ONE PEOPLE

史蒂文·霍尔建筑师事务所，匡溪科学研究院，布卢姆菲尔德-希尔斯，密歇根州，1999年。光线穿过入口门廊窗户和天窗的7种类型的玻璃，在室内白色的抹灰表面上创造出一系列的光影效果。

史蒂文·霍尔建筑师事务所，贝尔维尤艺术博物馆，贝尔维尤，华盛顿，2001年。屋顶平台上面的曲面玻璃板墙为后面的楼梯提供了光照。

致　谢

在这里我们对许多人都非常感谢，因为他们的帮助是创作这本书不可或缺的。在Rockport出版社，我们要感谢肯·丰德(Ken Fund)和温妮·普伦蒂斯(Winnie Prentiss)，因为他们给了我们非常巨大的、无条件的支持，还有他们对我们的信任，以及他们赋予我们的创作自由。特别感谢道格·多尔扎尔(Doug Dolezal)慷慨提供的图片。还有詹姆斯·麦科恩(James McCown)和莉萨·帕斯卡雷利(Lisa Pascarelli)，我们非常感谢他们主动地以最短的工作时间参加编辑和出版。鲁道夫·马查多(Rodolfo Machado)和若热·西尔韦蒂(Jorge Silvetti)提供了巨大支持，没有他们的支持这本书可能永远无法面世。而保罗·瓦尔霍乌(Paul Warchol)则向我们提供了他的大量图片库，我们很难充分地表达我们的感激或者我们对他的工作的尊重。在我们几次到他的工作室拜访中，从他的档案室内，从成千上万张照片里面筛选图片的时候，我们得到了埃米·巴尔科(Amy Barkow)、加布里埃勒·本迪纳-维亚尼(Gabrielle Bendiner-Viani)、迈克尔·康维里(Michele Convery)、比利亚纳·季米特洛娃(Bilyana Dimitrova)和厄休拉·瓦尔霍乌(Ursula Warchol)的友好支持。最最重要的是，我们感谢在我们所展示的细部设计背后的创造力量——无数的建筑师和设计师们，他们太多了，我们无法在这儿一一列举。这里的每一个人都应该受到我们衷心的感谢。